Kurt Nixdorff

Mathematische Methoden der Schallortung in der Atmosphäre

Mit 31 Abbildungen

Vieweg

Dr.-Ing. *Kurt Nixdorff* ist Professor am Institut für Angewandte Mathematik der Hochschule der Bundeswehr Hamburg

Verlagsredaktion: *Alfred Schubert*

CIP-Kurztitelaufnahme der Deutschen Bibliothek

Nixdorff, Kurt

Mathematische Methoden der Schallortung in der Atmosphäre. – 1. Aufl. – Braunschweig: Vieweg, 1977.

1977

Buchbinder: W. Langelüddecke, Braunschweig

ISBN-13: 978-3-528-03067-4 e-ISBN-13: 978-3-322-85933-4
DOI: 10.1007/ 978-3-322-85933-4

VORWORT

Die Schallortung in der Atmosphäre umfaßt drei Arbeitsschritte:

1. Aufnahme der Schallsignale,
2. Bestimmen der Schallaufzeitdifferenzen aus diesen Aufnahmen,
3. Ermitteln des Ortes der Schallquelle aus den Schallaufzeitdifferenzen.

Der vorliegende Text befaßt sich nur mit dem dritten Arbeitsschritt.

Dabei stützt sich die Behandlung des Schallmessens vor allem auf Erkenntnisse von J. Börstinger, E. Esclangon, H. Fiedler, R. Sänger und E. Wildhagen, im kleineren Umfange auch auf eine unveröffentlichte Arbeit von H. Peußner, auf die Heeresdienstvorschrift HDv 263/321 vom Februar 1975 und auf Arbeiten des Verfassers.

Auf die Korrelationsmethoden wird nur kurz eingegangen, da sie bei der Schallortung in Luft nicht die gleiche Bedeutung wie die Schallmessung erlangt haben. Der vorliegenden Darstellung der Korrelationsmethoden liegt ein Bericht von G. Winkler zugrunde.

Ich danke den Herren ORR G. Allnoch, Ltd.Reg.Dir. H. Bongartz, ORR J. Börstinger, Ltd. Reg.Dir. Dr.-Ing. H. Jäger, OTL E. Lüder, Dr. E. Wildhagen und OTL H.J. Zurek für wertvolle Hinweise, Herrn Dipl.-Math. S. Kempfle für die Zeichnungen, die Aufgaben samt Lösungen und für Korrekturlesen und Frau I. Czechatz für das Schreiben des Manuskriptes.

Dieser Text ist die Niederschrift einer mehrfach an der Hochschule der Bundeswehr Hamburg im Fachbereich Maschinenbau gehaltenen Vorlesung. Die Niederschrift wurde verursacht durch zwei meiner Hörer, den Herren Lt. E.K. Braun und Lt. W. Dauch; sollte diese Schrift dem Leser gefallen, so gebührt ihnen der Dank. Sollte sie aber mißfallen, so weise ich vorsorglich darauf hin, daß mein verehrter Herr Kollege, Herr Professor

Dr. H. Homuth mich nicht nur durch Korrekturlesen unterstützte, sondern durch seine tatkräftige und stetige Hilfe die Veröffentlichung bewirkte. Allen drei danke ich besonders, sowie jetzt schon jenen Lesern, die mir Ergänzungen und Änderungsvorschläge zusenden.

Die vorliegende Schrift ist meines Wissens seit 1938 die erste zusammenfassende Darstellung der mathematischen Methoden der Schallortung in der Atmosphäre. Mein bester Dank und meine Bewunderung gilt daher dem Vieweg-Verlag, der es wagt, eine derart spezielle Arbeit zu veröffentlichen.

K. Nixdorff

Hamburg, im Januar 1977

Inhaltsverzeichnis

1. Grundaufgabe der Schallortung in der Atmosphäre

Eine Schallquelle sende Schall aus, der von mindestens drei Mikrophonen wahrgenommen wird. Der Ort jedes Mikrophones sei bekannt, der Ort der Schallquelle gesucht.

Diese Aufgabe wird grundsätzlich verschieden behandelt, je nachdem ob der Schall längere Zeit andauert, etwa bei Fahrgeräuschen von Fahrzeugen, oder ob der Schall nur kurze Zeit währt, wie beim Mündungsknall von Geschützen.

Bei längere Zeit andauerndem Schall werden Korrelationsmethoden angewendet. Die eingesetzten Systeme werden als Geräuschpeiler oder Kleinbasen bezeichnet.

Die Ortung einer Knallquelle, aus historischen Gründen Schallmessung genannt, benutzt die zeitlichen Differenzen, mit denen der Knall bei den einzelnen Mikrophonen eintrifft. Die verwendeten Systeme werden Schallmeßsysteme genannt.

2. Schallmessung

2.1. Die Hyperbel als geometrischer Ort der Schallquelle

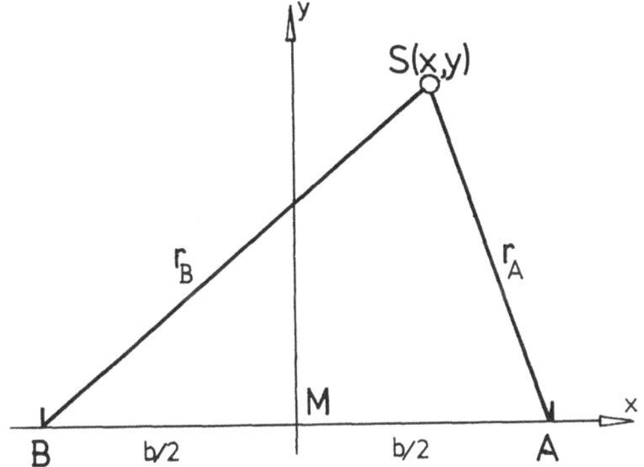

Die Ortung bei Knallen, die Schallmessung, benutzt die Laufzeitdifferenz Δt, mit der der Knall mit der Geschwindigkeit c entlang des als eben angenommenen Erdbodens zwei Mikrophone, A und B, erreicht. Der geometrische Ort für die Schallquelle S ist bei isotroper und homogener Atmosphäre ein Ast einer Hyperbel mit A und B als Brennpunkte und $c\Delta t$ als Differenz der von A und B ausgehenden Brennstrahlen r_A und r_B .

Wird ein rechtwinklig-cartesisches x,y-Koordinatensystem so gewählt, daß A und B auf der x-Achse liegen und der Koordinatenursprung M die Basis AB, Basislänge b, teilt, so lautet die Gleichung der Hyperbel

$$\left(\frac{x}{a}\right)^2 - \left(\frac{y}{a'}\right)^2 = 1$$

mit

Länge 2a der reellen Achse:	$2a = c\Delta t,$
Länge 2a' der imaginären Achse:	$2a' = \sqrt{b^2 - c^2\Delta t^2},$
lineare Exzentrizität f:	$f = \sqrt{a^2 + a'^2} = b/2.$

<u>Beweis:</u>

Es sind:

$$r_B = \sqrt{(x+\tfrac{b}{2})^2 + y^2},$$

$$r_A = \sqrt{(x-\tfrac{b}{2})^2 + y^2},$$

$$r_B - r_A = c\Delta t$$

Daraus folgt

$$\sqrt{(x+\tfrac{b}{2})^2+y^2} - \sqrt{(x-\tfrac{b}{2})^2+y^2} = \pm\, c\Delta t$$

$$\Rightarrow \sqrt{(x+\tfrac{b}{2})^2+y^2} = \pm\, c\Delta t + \sqrt{(x-\tfrac{b}{2})^2+y^2}$$

$$(x+\tfrac{b}{2})^2 + y^2 = c^2\Delta t^2 \pm 2c\Delta t\sqrt{(x-\tfrac{b}{2})^2 + y^2} + (x-\tfrac{b}{2})^2 + y^2$$

$$2\,x\,b - c^2\Delta t^2 = \pm\, 2c\Delta t\sqrt{(x-\tfrac{b}{2})^2 + y^2}$$

$$x^2b^2 - x\,b\,c^2\Delta t^2 + \frac{1}{4}c^4\Delta t^4 = c^2\Delta t^2\left[(x-\tfrac{b}{2})^2 + y^2\right]$$

$$x^2(b^2-c^2\Delta t^2) - c^2\Delta t^2y^2 = \frac{1}{4}c^2\Delta t^2(b^2-c^2\Delta t^2)$$

$$\Rightarrow \left(\frac{x}{\frac{c\Delta t}{2}}\right)^2 - \left(\frac{y}{\sqrt{(\frac{b}{2})^2-(\frac{c\Delta t}{2})^2}}\right)^2 = 1\,.$$

Der Ort der Schallquelle S ergibt sich im Idealfall als gemeinsamer Schnittpunkt von Hyperbelästen, und zwar liefert jede zu verwendende Basis einen solchen Hyperbelast.

Bei der praktischen Auswertung werden im allgemeinen die Hyperbeln durch ihre Asymptoten, mit anschließender Korrektur durch die Asymptotenschwenkung, oder durch Tangenten oder

Sekanten ersetzt.

Ferner werden Wettereinflüsse, nämlich Temperatur und Feuchtigkeit der Luft, sowie Wind möglichst berücksichtigt und die Genauigkeit der Ortung untersucht.

Nach J. Börstinger [2,3] gilt bei windigem, böigem Wetter folgendes für die Wettereinflüsse auf die mittlere Schallgeschwindigkeit bei Schallwegen von einigen wenigen km bis 20 km Länge und bei Abständen der Wettermessungen von einer Stunde: Die mittlere Schwankung dieser Schallgeschwindigkeit kann mit 0,1 bis 0,3 m/sec. erwartet werden. Dies begrenzt den sinnvollen Aufwand für die Korrektur der Wettereinflüsse.

2.2. Derzeit übliche Auswerteverfahren

2.2.1. Ersatz der Hyperbeln durch Asymptoten

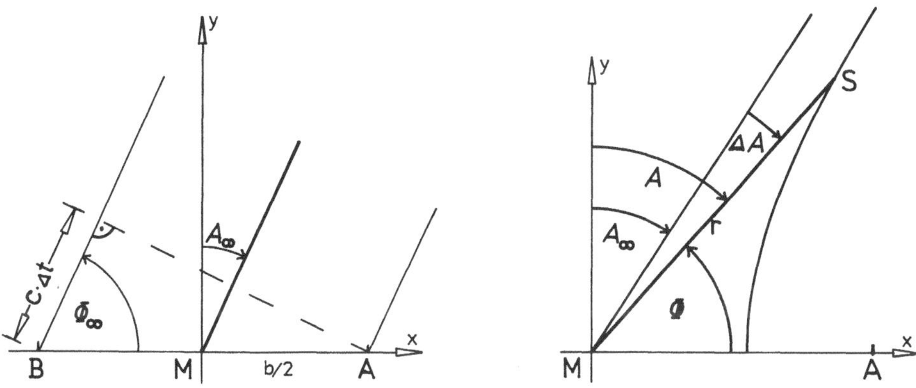

Die Asymptoten der oben angegebenen Hyperbel werden beschrieben durch

$$y = \pm \frac{\sqrt{b^2 - c^2 \Delta t^2}}{c\Delta t}\, x \;.$$

Die Richtung einer Asymptote ist die Richtung zu einer unendlich entfernten Schallquelle, von der aus die Schallaufzeitdifferenz Δt beträgt. Diese Richtung wird festgelegt durch

durch den Winkel ϕ_∞:

$$\cos \phi_\infty = \pm c\Delta t/b$$

oder durch den Asymptotenwinkel A_∞:

$$\sin A_\infty = c\Delta t/b.$$

In genügend großer Entfernung vom Basismittelpunkt M kann die Hyperbel durch ihre Asymptoten angenähert werden, die als Geraden für Rechnung und Zeichnung handlicher sind. Es soll nun untersucht werden, wann die Entfernung vom Basismittelpunkt M genügend groß ist.

Dazu wird zunächst ein Zusammenhang zwischen der Asymptotenschwenkung ΔA und der Entfernung r zwischen Basismittelpunkt M und der Schallquelle S hergeleitet, und anschließend aus der Asymptotenschwenkung eine Korrektur K_a der Laufzeitdifferenz Δt gewonnen. Die Schallquelle ist genügend weit vom Basismittelpunkt entfernt, wenn K_a im Rahmen der erreichbaren oder angestrebten Genauigkeit neben Δt zu vernachlässigen ist. Kann K_a noch nicht vernachlässigt werden, so ist die Laufzeitdifferenz bei ausreichender Abschätzung von r möglicherweise hinreichend genau korrigierbar.

Es ist

$$\Delta A = A - A_\infty = \phi_\infty - \phi.$$

Aus der Hyperbelgleichung

$$\left(\frac{x}{a}\right)^2 - \left(\frac{y}{\sqrt{f^2-a^2}}\right)^2 = 1$$

folgen wegen

$$x = r \cos \phi$$
$$y = r \sin \phi$$

durch Einsetzen

$$\frac{\cos^2\phi}{(\frac{a}{r})^2} - \frac{1-\cos^2\phi}{(\frac{f}{r})^2-(\frac{a}{r})^2} = 1$$

$$\Longrightarrow \quad (\frac{f}{r})^2\cos^2\phi = (\frac{a}{r})^2\left[(\frac{f}{r})^2-(\frac{a}{r})^2+1\right]$$

$$\Longrightarrow \cos\phi = \pm\frac{a}{f}\sqrt{1+\frac{f^2-a^2}{r^2}}\,,$$

$$\frac{1-\sin^2\phi}{(\frac{a}{r})^2} - \frac{\sin^2\phi}{(\frac{f}{r})^2-(\frac{a}{r})^2} = 1$$

$$\Longrightarrow \quad -(\frac{f}{r})^2\sin^2\phi = (\frac{a}{r})^2\left[(\frac{f}{r})^2-(\frac{a}{r})^2\right] - \left[(\frac{f}{r})^2-(\frac{a}{r})^2\right]$$

$$\Longrightarrow \quad \sin\phi = \frac{\sqrt{f^2-a^2}}{f}\sqrt{1-\frac{a^2}{r^2}}\,.$$

$\cos\phi_\infty$ und $\sin\phi_\infty$ folgen daraus durch Grenzübergang:

$$\phi \to \phi_\infty \text{ für } r \to \infty$$

$$\Rightarrow \cos\phi_\infty = \pm\frac{a}{f}$$

$$\sin\phi_\infty = \frac{\sqrt{f^2-a^2}}{f}\,.$$

Damit ergibt sich

$$\sin\Delta A = \sin(\phi_\infty-\phi) = \sin\phi_\infty\cos\phi - \cos\phi_\infty\sin\phi =$$

$$= \pm\frac{a}{f^2}\sqrt{f^2-a^2}\left[\sqrt{1+\frac{f^2-a^2}{r^2}} - \sqrt{1-\frac{a^2}{r^2}}\right] =$$

$$= \frac{1}{2} \sin 2\phi_\infty \left[\sqrt{1+\frac{f^2-a^2}{r^2}} - \sqrt{1-\frac{a^2}{r^2}}\right]$$

Bei genügend großem r setzt man

$$\sqrt{1 + \frac{f^2-a^2}{r^2}} = 1 + \frac{1}{2}\frac{f^2-a^2}{r^2} - \frac{1}{8}\frac{(f^2-a^2)^2}{r^4},$$

$$\sqrt{1 - \frac{a^2}{r^2}} = 1 - \frac{1}{2}\frac{a^2}{r^2} - \frac{1}{8}\frac{a^4}{r^4},$$

folglich

$$\sin \Delta A = \frac{1}{4} \sin 2\phi_\infty \frac{f^2}{r^2} \left(1-\frac{f^2-2a^2}{4r^2}\right)$$

Es ist

$$\sin 2\phi_\infty = \sin[2(\pi/2 - A_\infty)] =$$

$$= \sin 2 A_\infty$$

und daher

$$\sin \Delta A = \frac{1}{16} \sin 2 A_\infty \left(\frac{b}{r}\right)^2 \left(1 - \frac{b^2-2c^2\,\Delta t^2}{16\, r^2}\right).$$

Die Zeitkorrektur K_a wird festgelegt in Analogie zu

$$\sin A_\infty = \frac{c}{b}\,\Delta t$$

durch

$$\sin A = \sin (A_\infty + \Delta A) = \frac{c}{b}\,(\Delta t + K_a)\ .$$

Für kleine ΔA setzt man

$$\sin(A_\infty + \Delta A) = \sin A_\infty + \cos A_\infty \sin \Delta A$$

$$= \sin A_\infty + \cos A_\infty \frac{1}{16} \sin 2A_\infty \left(\frac{b}{r}\right)^2 \left(1-\frac{b^2-2c^2\Delta t^2}{16\, r^2}\right)\ .$$

Andererseits ist

$$\sin(A_\infty + \Delta A) = \frac{c}{b}\,\Delta t + \frac{c}{b}\,K_a =$$

$$= \sin A_\infty + \frac{c}{b}\,K_a \,.$$

Daraus folgt

$$K_a = \frac{b}{c}\cdot\frac{1}{8}\,\sin A_\infty \;(1-\sin^2 A_\infty)\,(\frac{b}{r})^2 (1-\frac{b^2-2c^2\;\Delta t^2}{16\;r^2}) =$$

$$= \frac{\Delta t}{8r^2}\;(b^2-c^2\;\Delta t^2)\,(1-\frac{b^2-2c^2\;\Delta t^2}{16\;r^2}) \,.$$

K_a kann linear zerlegt werden in zwei Terme, k_a bzw. $k_a k'_a$,die mit $\frac{1}{r^2}$ von erster bzw. zweiter Ordnung klein sind.

$$K_a = k_a(1+k'_a) \,,$$

$$k_a = \frac{\Delta t}{8r^2}\;(b^2-c^2\;\Delta t^2) \,,$$

$$k'_a = -\;k_a\;\frac{b^2-2c^2\;\Delta t^2}{16\;r^2} = -\;\frac{k_a^2}{2\Delta t} \,.$$

Bei geringeren Ansprüchen an die Genauigkeit kann k_a an Stelle von K_a für die Korrektur von Δt genügen.

2.2.2. Ersatz der Hyperbeln durch Tangenten (Polplan alter Art).

Jeder Kreis, zu dem die vorgegebene Basis AB Sehne ist, heißt Genauigkeitskreis dieser Basis. Die Hyperbeln für diese Basis, die also A und B als Brennpunkte haben, schneiden jeden Genauigkeitskreis. Die Tangente an jede Hyperbel in einem solchen Schnittpunkt Z halbiert den Winkel zwischen den Brennstrahlen, also den Winkel AZB, wie gleich gezeigt wird.

Die Mittelsenkrechte auf die Basis AB wird auf der Z abgewandten Seite der Basis vom Genauigkeitskreis im Punkt P geschnitten. Die Sehnen AP und PB sind gleich lang und - da im Kreis über gleiche Sehnen gleiche Winkel liegen - sind die Winkel AZP und PZB gleich groß. Folglich halbiert die Strecke PZ den Winkel AZB, und da dies eine Eigenschaft der Hyperbeltangente durch Z ist, muß jede der betrachteten Hyperbeltangenten durch P gehen. P heißt daher Tangentenpol.

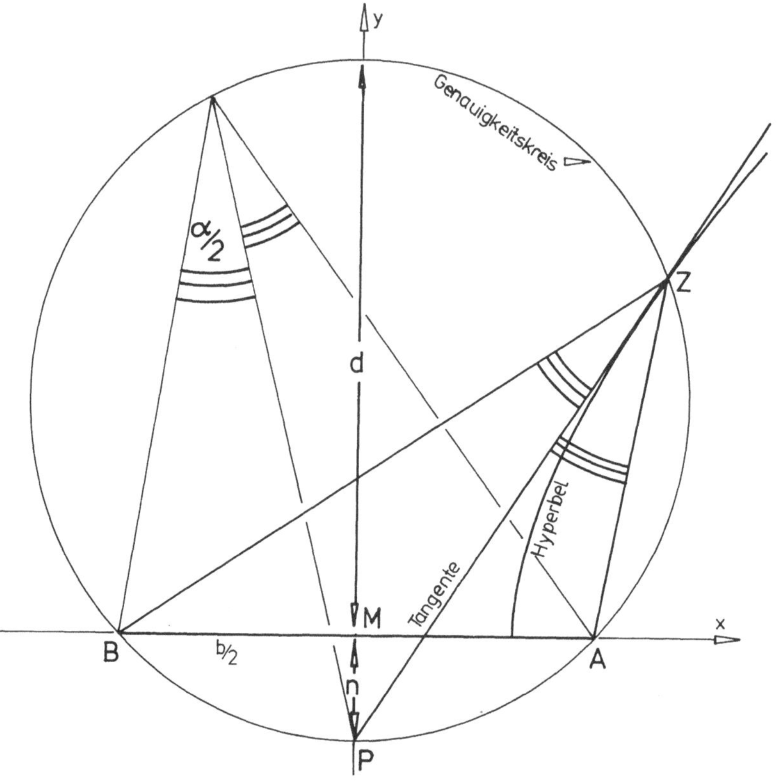

In jedem Punkt des Genauigkeitskreises wird so die Hyperbel fehlerfrei durch die Tangente ersetzt, was den Namen für den Kreis begründet. Der Genauigkeitskreis wird so gewählt, daß er mitten durch das vermutete Zielgebiet verläuft.

Ist b die Länge der Basis, n der kürzeste Abstand des Tangentenpols von der Basis und d + n der Durchmesser des Genauigkeitskreises, so folgt aus der Skizze

$$\cot \frac{\alpha}{2} = \frac{b}{2n} = 2\,\frac{d}{b}$$

und daraus

$$n = \frac{b^2}{4d} \,.$$

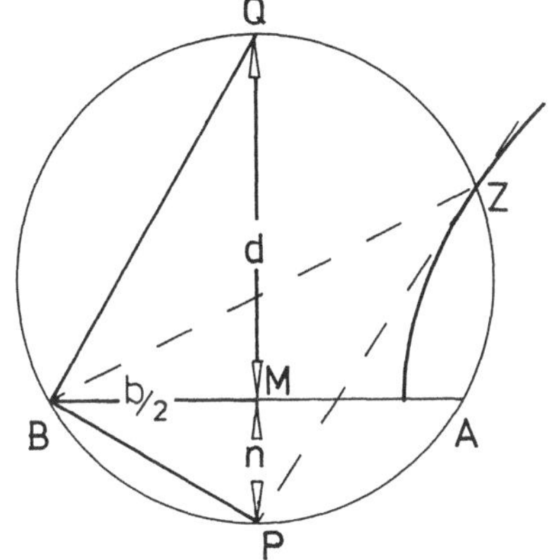

In der Praxis wird für b = 1,5 km bis b = 3 km

d = 10 km

und für b = 2,7 km bis b = 4 km

d = 12,5 km

gewählt.

Mit der Wahl von d liegt der benutzte Genauigkeitskreis fest. Ist die Schallaufzeitdifferenz Δt gegeben, so liegt auch der Berührpunkt der Tangente durch den Tangentenpol auf der der Schallaufzeit entsprechenden Hyperbel fest. Die Koordinaten dieses Berührpunktes in dem gemäß letzter Skizze gewählten Koordinatensystem seien $(x_z\,,\,y_z)$. Die Gleichung der Hyperbeltangente in diesem Punkt:

$$\frac{x\,x_z}{(\frac{1}{2}\,c\Delta t)^2} - \frac{y\,y_z}{(\frac{b}{2})^2 - (\frac{1}{2}\,c\Delta t)^2} = 1$$

wird erfüllt von den Koordinaten (0,-n) des Tangentenpoles. Daraus folgt

$$y_z = \frac{(\frac{b}{2})^2 - (\frac{1}{2}\, c\Delta t)^2}{n}$$

und damit folgt aus der Gleichung der Hyperbel

$$\frac{x^2}{(\frac{1}{2}c\Delta t)^2} - \frac{y^2}{(\frac{b}{2})^2 - (\frac{1}{2}c\Delta t)^2} = 1,$$

die von den Koordinaten (x_z , y_z) des Punktes Z erfüllt wird, für x_z

$$x_z = \frac{1}{2}\, c\Delta t \sqrt{1 + \frac{(\frac{b}{2})^2 - (\frac{1}{2}c\Delta t)^2}{n^2}}\,.$$

2.2.3. Ersatz der Hyperbeln durch Sekanten (Polplan neuer Art und Skalenträgerplan)

Die Hyperbeln werden durch Sekanten approximiert, die durch eine Parallelverschiebung jener Tangenten entstehen, die die Hyperbeln in ihrem Schnittpunkt mit dem benutzten Genauigkeitskreis approximieren. Alle diese Sekanten schneiden sich in einem Punkt P', dem Sekantenpol, auf der Mittelsenkrechten der Basis. Der Sekantenpol wird in der Praxis so gewählt, daß er 10 m weiter als der Tangentenpol von der Basis entfernt ist.

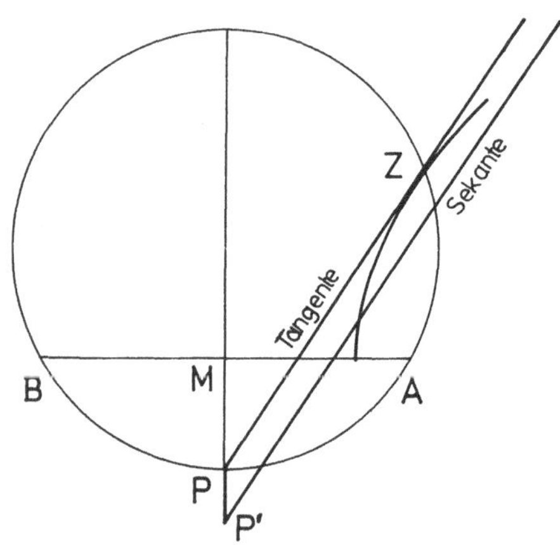

Diese Sekante wird als Approximation für die $c\Delta t$ entsprechende Hyperbel durch Z verwendet und ist eine in einem größeren Bereich verwendbare Approximation als die Tangente durch Z.

Nach H. Peußner [1] weichen Sekante und Hyperbel um höchstens 0,01 sec. Schallaufzeit für die üblichen Basislängen von etwa 3 km voneinander ab in einem Bereich, der in einer Entfernung von etwa 7 km von der Basis beginnt, bis zu einer Aufklärungstiefe von etwa 20 km reicht und eine Breite von etwa 18 km hat.

Im allgemeinen genauer als die bisher betrachteten Näherungsverfahren, aber in der Vorbereitung wesentlich umständlicher (Vorbereitungszeit zwei bis drei Stunden) und deshalb kaum noch benutzt ist die Auswertung mit dem Skalenträgerplan. Auch bei diesem Verfahren werden die Hyperbeln durch Sekanten ersetzt.

Auf einem Plan 1:25000 werden die Meßstellen eingetragen, auf den Basen deren Mittelsenkrechten, parallel zu den Basen Geraden, die Skalenträger. Es werden in Abständen von vollen Kilometern zwei Skalenträger so gezeichnet, daß sie das angenommene Aufklärungsgebiet umfassen. Auf die Skalenträger werden als Skala die Schnittpunkte des Skalenträgers mit einer Hyperbelschar eingetragen. Die Hyperbeln der Schar entsprechen Schallaufzeitdifferenzen, die sich um 0,1 sec. unterscheiden. Der Übersichtlichkeit halber werden auf den Skalenträgern nur jene Schnittpunkte beziffert, die Schallaufzeitdifferenzen von vollen Sekunden entsprechen. Durch sich entsprechende Schnittpunkte beider Skalenträger werden Gerade gelegt, die also Sekanten der Hyperbeln sind.

Die Abstände der Schnittpunkte von den Mittelsenkrechten sind in Praxis in Tabellen festgehalten und zwar für Basen von 1000 bis 5000 m Länge mit einer Schrittweite von 25 m und für Abstände der Skalenträger von der Basis von 1000 bis 20000 m mit einer Schrittweite von 1000 m.

Die Hundertstel Sekunden der Laufzeitdifferenzen werden interpoliert.

2.2.4. Abschätzung der Genauigkeit

Um eine Vorstellung von der Größe des bei Verwendung dieser Approximationen entstehenden Fehlers zu erhalten, werden die Durchstoßungspunkte der Hyperbel und der sie approximierenden Asymptote, Tangente und Sekante (Polplan neuer Art) mit den Skalenträgern bestimmt.

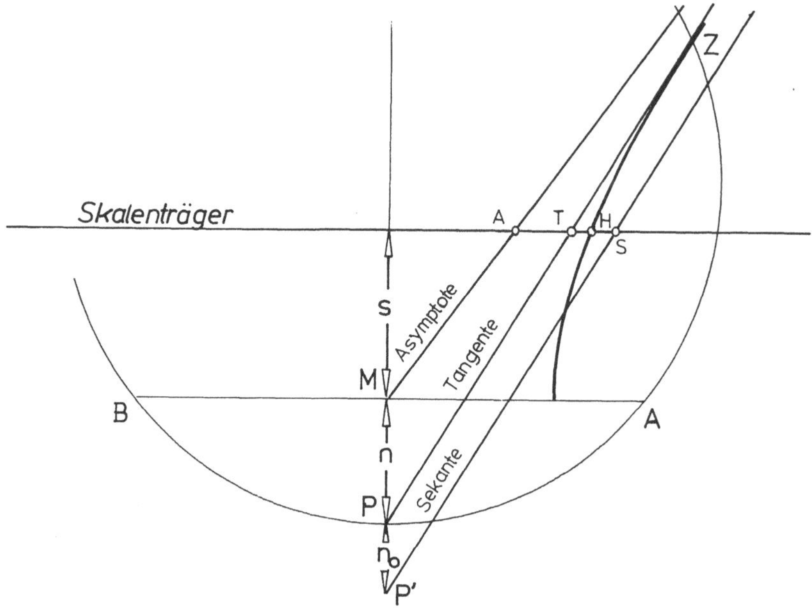

Hat ein Skalenträger den Abstand s, so wird er von der Asymptote in einem Punkt mit den Koordinaten (x_a , s) geschnitten. x_a folgt aus der Gleichung der Asymptoten

$$y = \pm \frac{\sqrt{b^2 - c^2\ t^2}}{c\Delta t}\ x$$

zu

$$x_a = \pm \frac{s\ c\ \Delta t}{\sqrt{b^2 - c^2 \Delta t^2}}\ .$$

Für den Schnittpunkt (x_t , s) der Tangente mit dem Skalenträger folgt aus der Gleichung der Tangenten

$$\frac{xx_z}{(\frac{c\Delta t}{2})^2} - \frac{yy_z}{(\frac{b}{2})^2 - (\frac{c\Delta t}{2})^2} = 1$$

und den Koordinaten (x_z , y_z) des Berührpunktes der Tangente aus dem Tangentenpol (0,-n)

$$x_z = \frac{1}{2}\, c\Delta t \sqrt{1 + \frac{(\frac{b}{2})^2 - (\frac{c\Delta t}{2})^2}{n^2}}$$

$$y_z = \frac{(\frac{b}{2})^2 - (\frac{c\Delta t}{2})^2}{n}\ ,$$

x_t zu

$$x_t = \frac{\frac{c\Delta t}{2}(1+\frac{s}{n})}{\sqrt{1+\frac{(\frac{b}{2})^2 - (\frac{c\Delta t}{2})^2}{n^2}}}\ .$$

Für den Schnittpunkt (x_s , s) der Sekante (Polplan neuer Art) mit dem Skalenträger folgt aus der Skizze mit dem Sekantenpol ($0,-n-n_o$)

$$x_s = x_t\, \frac{s + n + n_o}{s + n_o}\ .$$

Für den Schnittpunkt (x_h , s) der Hyperbel mit dem Skalenträger folgt aus der Hyperbelgleichung

$$x_h = \frac{c\Delta t}{2} \sqrt{1 + \frac{s^2}{(\frac{b}{2})^2 - (\frac{c\Delta t}{2})^2}}\ .$$

In der Praxis werden für b = 1,2 km bis b = 2,3 km

$$s = 5b,$$

für b = 2,2 km bis b = 3,2 km

$$s = 4b$$

und für b = 3 km bis b = 5 km

$$s = 3b$$

verwendet.

Beispiel für Verwendung von Skalenträger:

$c\,\Delta t = 1655$ m, $d = 12.500$ m, $n_o = 10$ m

b	s	x_h	x_a	x_t	x_s
2.000	10.000	14.761,42	14.738,21	14.707.57	14.722,16
2.750	11.000	8.330,36	8.239,16	8.324,55	8.332,01
4.000	12.000	5.516,13	5.453,70	5.514,62	5.519,09

b, s, x_h, x_a, x_t, x_s in m

2.3. Berücksichtigung der Wettereinflüsse bei Bodenschallstrahlen

2.3.1. Bodenschallstrahlen

Schallstrahlen, die am Erdboden entlanglaufen, werden als Bodenschallstrahlen bezeichnet. Werden von einer Basis Bodenschallstrahlen ausgewertet, so ist die Berücksichtigung von Lufttemperatur und -feuchtigkeit und von Wind durchführbar.

2.3.2. Berücksichtigung der Lufttemperatur

Betrachtet wird die Einwirkung eines als eben angenommenen Ausschnittes aus einer Wellenfront auf ein elastisches Raumelement, das quaderförmig mit einer Stirnseite ΔF parallel zum Ausschnitt aus der Wellenfront gewählt sei.

Die Wellenfront lege in der Zeit Δt den Weg Δl mit der Geschwindigkeit $c = \frac{\Delta l}{\Delta t}$ zurück, erfasse dabei das Volumelement $\Delta F\ \Delta l$, übe auf dieses die Kraft K aus und bewege dessen Masse

$$\Delta m = c\,\Delta t\ \Delta F\ \rho,$$

wobei ρ die Dichte der Masse im Volumelement ist.

Bei dieser Bewegung wird das Raumelement um Δz gestaucht. Nach dem Hookeschen Gesetz ist mit dem Elastizitätsmodul E

$$\frac{\Delta z}{\Delta l} = \frac{K}{E \Delta F} .$$

Der bewegten Masse wird ein Impuls erteilt, der gleich ist dem ausgeübten Kraftstoß:

$$\Delta m\ \frac{\Delta z}{\Delta t} = K\ \Delta t.$$

Aus dieser Beziehung folgt durch Elimination von K und Δm mittels der oben hergeleiteten Gleichungen

$$c\ \Delta t\ \Delta F\ \rho\ \frac{\Delta z}{\Delta t} = \frac{\Delta z}{\Delta l}\ E\ \Delta F\ \Delta t$$

und mit

$$\frac{\Delta l}{\Delta t} = c$$

folgt daraus

$$c = \sqrt{\frac{E}{\rho}} .$$

Bei Gasen ist E gegeben durch folgenden Zusammenhang zwischen Volumen V und Druck p

$$\frac{dV}{V} = - \frac{dp}{E} .$$

Bei adiabatischen Zustandsänderungen gilt das Poissonsche Gesetz

$$p\ V^{\kappa} = \text{konst.}$$

mit dem Adiabatenexponenten κ, dem Verhältnis der spezifischen Wärmen bei konstantem Druck, c_p , und bei konstantem Volumen, c_v . Aus dem Poissonschen Gesetz folgt

$$\frac{dV}{V} = -\frac{1}{\kappa}\frac{dp}{p}$$

und daraus durch Elimination von $\frac{dV}{V}$ vermöge der oben abgeleiteten Beziehung

$$E = \kappa\, p\ .$$

Dies in die Gleichung für c eingesetzt gibt

$$c = \sqrt{\frac{\kappa p}{\rho}}\ .$$

Bei isothermen Zustandsänderungen gilt das Boyle-Mariottesche Gesetz

$$p\, V = \text{konst.}$$

Rechnung wie oben ergibt damit

$$c = \sqrt{\frac{p}{\rho}}\ ,$$

also eine kleinere Schallgeschwindigkeit.

Mit der Zustandsgleichung für ideale Gase mit der mittleren Molmasse M der Luft, der Gaskonstanten R und der absoluten Temperatur T:

$$p = \frac{RT\rho}{M}$$

folgt daraus bei adiabatischen Zustandsänderungen

$$c = \sqrt{\frac{\kappa RT}{M}}$$

und bei isothermen Zustandsänderungen

$$c = \sqrt{\frac{RT}{M}}\ .$$

Die Schallgeschwindigkeit hängt also von der Temperatur, aber nicht vom Luftdruck ab.

Die Meßergebnisse für c bestätigen die Annahme einer adiabatischen Zustandsänderung; lediglich bei Infraschall (unterhalb 16 Hz) liefert diese Annahme nach R. Sänger [4, S. 16] einen um 0,5 m/s zu hohen Wert für c. Demnach verlaufen die Zustandsänderungen bei Infraschall nicht mehr vollständig adiabatisch.

Diese Abhängigkeit der Schallgeschwindigkeit von der Frequenz ν bzw. Wellenlänge λ muß zu einer Dispersion des Infraschalls führen.

2.3.3. Berücksichtigung der Luftfeuchtigkeit

Die feuchte Luft wird als ein Gemisch von trockener Luft und Wasserdampf aufgefaßt. Der Partialdruck p_1 der trockenen Luft und der Partialdruck e des Wasserdampfes (Dunstdruck) addieren sich nach dem Daltonschen Gesetz zum Gesamtluftdruck p:

$$p = p_1 + e .$$

Es seien: M_1 das mittlere Molekulargewicht der trockenen Luft, ρ_1 ihre Dichte,

M_2 das Molekulargewicht des Wassers, ρ_2 die Dichte des Wasserdampfes,

T die absolute Temperatur des Gemisches.

Mit der Zustandsgleichung für ideale Gase

$$pM = RT\rho$$

folgt für die trockene Luft

$$\rho_1 = \frac{(p-e)M_1}{RT}$$

und für den Wasserdampf

$$\rho_2 = \frac{eM_2}{RT} .$$

Daraus folgt für die Dichte ρ der feuchten Luft:

$$\rho = \rho_1 + \rho_2 = \frac{pM_1}{RT}\left[1 - \frac{M_1-M_2}{M_1}\,\frac{e}{p}\right] .$$

Es bezeichnen

T_o = 273,15 Kelvin

p_o = 101325 Pascal (760 mm Hg)

ρ_o die Dichte trockener Luft bei 0° Celsius und 101325 Pascal Druck

c_o die Schallgeschwindigkeit bei 0° Celsius und 101325 Pascal Druck,

θ die Temperatur in Celsiusgraden,

α der Ausdehnungskoeffizient des Gases.

Damit wird

$$\rho = \rho_o\,\frac{p}{p_o(1+\alpha\theta)}\left[1 - \frac{M_1-M_2}{M_1}\,\frac{e}{p}\right]$$

und für

$$\alpha\theta << 1$$

$$\frac{e}{p} << 1$$

folgt damit aus der Formel

$$c = \sqrt{\frac{\kappa p}{\rho}}$$

durch eine Reihenentwicklung (bei der man $(\alpha\theta)^2 = 0$ und $(\frac{e}{p})^2 = 0$ setzt) eine Gleichung für c, in der Lufttemperatur und Luftfeuchtigkeit berücksichtigt sind:

$$c = \sqrt{\kappa\frac{p_o}{\rho_o}}\left(1 + \frac{\alpha}{2}\,\theta + \frac{1}{2}\,\frac{M_1-M_2}{M_1}\,\frac{e}{p}\right)$$

$$= c_o\left(1 + \frac{\alpha}{2}\,\theta + \frac{1}{2}\,\frac{M_1-M_2}{M_1}\,\frac{e}{p}\right) .$$

Um die Bedeutung des Einflusses der Luftfeuchtigkeit abzuschätzen, wird eine Temperatur τ, definiert durch

$$c = c_o \; (1 + \frac{\alpha}{2} \tau),$$

bestimmt. Mit ihr wird eine Temperaturkorrektur k gebildet:

$$k = \tau - \theta \; .$$

2.3.4. Berücksichtigung von Wind

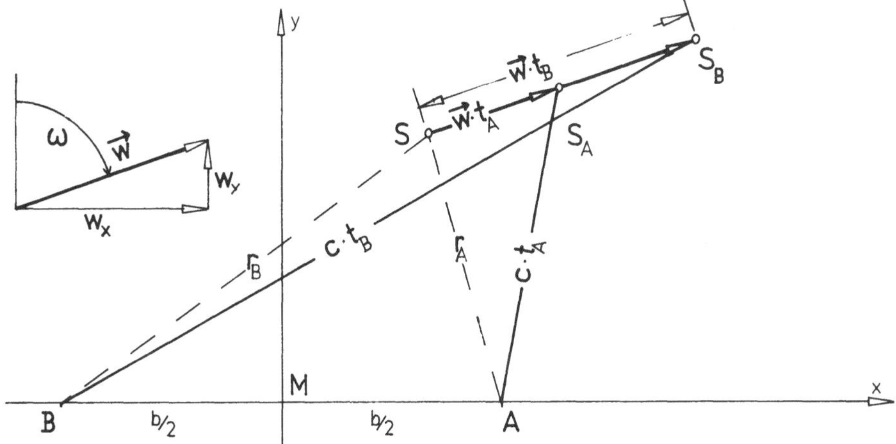

Durch den Einfluß des homogenen Windes w empfängt B den Schall so, als ob er von S_B herrührt. Entsprechendes gilt für A. Deshalb gelten, wie aus der Skizze ersichtlich,

$$(c\ t_A)^2 = (x-\frac{b}{2}+w_x t_A)^2 + (y+w_y t_A)^2 \;,$$

$$(c\ t_B)^2 = (x+\frac{b}{2}+w_x t_B)^2 + (y+w_y t_B)^2 \;.$$

Ferner sind, wie ebenfalls aus der Skizze ersichtlich,

$$(x-\frac{b}{2})^2 + y^2 = r_A^2 \;,$$

$$(x+\frac{b}{2})^2 + y^2 = r_B^2$$

$$w_x^2 + w_y^2 = w^2 \;.$$

Mit den letzten drei Gleichungen folgt aus den ersten zwei, geordnet nach Potenzen von $c\ t_A$ und $c\ t_B$:

$$(1-\frac{w^2}{c^2})(c\ t_A)^2 - 2\left[(x-\frac{b}{2})\frac{w_x}{c} + y\ \frac{w_y}{c}\right] c\ t_A - r_A^2 = 0,$$

$$(1-\frac{w^2}{c^2})(c\ t_B)^2 - 2\left[(x+\frac{b}{2})\frac{w_x}{c} + y\ \frac{w_y}{c}\right] c\ t_B - r_B^2 = 0.$$

Aus diesen in $c\ t_A$ bzw. $c\ t_B$ quadratischen Gleichungen folgen (mit $c\,t_A > 0$, $c\,t_B > 0$):

$$c\,t_A = \frac{(x-\frac{b}{2})\frac{w_x}{c}+y\frac{w_y}{c}+\sqrt{\left[(x-\frac{b}{2})\frac{w_x}{c}+y\frac{w_y}{c}\right]^2+(1-\frac{w^2}{c^2})r_A^2}}{1-\frac{w^2}{c^2}}$$

$$c\,t_B = \frac{(x+\frac{b}{2})\frac{w_x}{c}+y\frac{w_y}{c}+\sqrt{\left[(x+\frac{b}{2})\frac{w_x}{c}+y\frac{w_y}{c}\right]^2+(1-\frac{w^2}{c^2})r_B^2}}{1-\frac{w^2}{c^2}} .$$

Für die Bedürfnisse der Praxis kann

$$\frac{w^2}{c^2} \ll 1$$

folglich auch

$$\left(\frac{w_x}{c}\right)^2 \ll 1, \quad \left(\frac{w_y}{c}\right)^2 \ll 1, \quad \frac{w_x w_y}{c^2} \ll 1$$

gesetzt werden. Diese Beziehungen werden in den obigen Gleichungen für $c\,t_A$ und $c\,t_B$ berücksichtigt. Es folgen dann daraus:

$$c\,t_A \approx (x-\frac{b}{2})\frac{w_x}{c}+y\frac{w_y}{c}+r_A$$

$$c\,t_B \approx (x+\frac{b}{2})\frac{w_x}{c}+y\frac{w_y}{c}+r_B .$$

Mit der Schallaufzeitdifferenz

$$\Delta t = t_B - t_A$$

und der Entfernungsdifferenz

$$\Delta r = r_B - r_A$$

folgen aus den obigen Näherungen für $c\,t_A$ und $c\,t_B$:

$$\Delta r \approx c\Delta t - b\,\frac{w_x}{c} .$$

Der geometrische Ort für die Schallquelle ist wieder eine Hyperbel, mit A und B als Brennpunkten, jedoch mit der reellen Achse der Länge

$$2a = \left|c\Delta t - b\,\frac{w_x}{c}\right| ,$$

der imaginären Achse der Länge

$$2a' = \sqrt{b^2 - (c\Delta t - b\,\frac{w_x}{c})^2}$$

und dem Asymptotenwinkel A_∞ :

$$\sin A_\infty = \frac{c}{b}\,\Delta t - \frac{w_x}{c}\,.$$

Die Hyperbel hängt nur von w_x , der Komponente des Windes parallel zur Basis AB, nicht dagegen von w_y , der Komponente des Windes senkrecht zur Basis ab.

Mit ω, dem Winkel zwischen der Normalen auf der Basis AB und dem Windvektor $\vec{w}$, gilt

$$w_x = w \sin \omega\,.$$

Entsprechend verändern sich die Anschriften für 2a, 2a' und A_∞ .

2.3.5. Zusammenfassung

Um die Größe der einzelnen Korrekturen der Laufzeitdifferenz Δt miteinander vergleichen zu können, werden alle bisherigen Korrekturen in einer Formel für die korrigierte Laufzeitdifferenz Δt_o zusammengezogen. Da $\frac{\alpha}{2}\tau < 1$ und $\frac{|w \sin \omega|}{c_o} < 1$, folgt

$$\Delta r = c_o\,\Delta t_o = c_o(\Delta t + \frac{\alpha}{2}\tau\Delta t - \frac{b}{c_o^2}\,w \sin \omega)$$

und daraus

$$\Delta t_o = \Delta t + \frac{\alpha}{2}\tau\Delta t - \frac{b}{c_o^2}\,w \sin \omega.$$

Die Größe

$$k_\theta = \frac{\alpha}{2}\,\tau\,\Delta t$$

wird als Luftzustandskorrektur, die Größe

$$k_w = -\frac{b}{c_o^2}\,w \sin \omega$$

als Windkorrektur bezeichnet.

Sollen alle bisherigen Korrekturen gleichzeitig ausgeführt werden, so sind

$$2a = c_o \Delta t_o \ ,$$

$$2a' = \sqrt{b^2 - (c_o \Delta t_o)^2} \ ,$$

$$\sin A_\infty = \frac{c_o \ \Delta t_o}{b} \ .$$

2.4. Berücksichtigung der Wettereinflüsse bei Höhenschallstrahlen

2.4.1. Höhenschallstrahlen

Schallstrahlen, die auf ihrem Weg von der Schallquelle zum Mikrophon nicht am Erdboden entlanglaufen, sondern in höhere Luftschichten aufsteigen, werden als Höhenschallstrahlen bezeichnet. Für eine Wetterberichtigung bei Höhenschallstrahlen stehen in der Praxis (nach METTA, STANAG 4140) folgende Wetterdaten zur Verfügung:

Temperatur, gerundet auf 0,1 Kelvin,

Windrichtung in der Horizontalen ($-\omega$, da die Windrichtung stets entgegen der Richtung des Energietransportes durch den Wind bezeichnet wird), gerundet auf volle 10^- (10 Strich, $6400^- \hat{=} 360^o$),

Windstärke, gerundet auf volle Knoten,

und zwar für die Höhen: Boden, 25 m, 75 m, 150 m, 250 m, 350 m, ..., 1550 m.

Um zu sehen, wie die Wetterberichtigung vorgenommen werden kann und um zu prüfen, welche Besonderheiten noch auftreten, werden im folgenden erst die Differentialgleichungen aufgestellt, die den Verlauf der Normaleneinheitsvektoren auf der Wellenfront und den Verlauf der Schallstrahlen, also die Richtung des Energietransportes, beschreiben. Danach werden diese Differentialgleichungen für den Fall, daß der Wind horizontal gerichtet ist, und Wind und Schallgeschwindigkeit nur von der Höhe abhängen, näher untersucht. In Anbetracht der Art der gegebenen Wetterdaten ist nur dieser Sonderfall für die angestrebte Wetterberichtigung von Bedeutung.

2.4.2. Elementare Herleitung der Differentialgleichungen für Höhenschallstrahlen

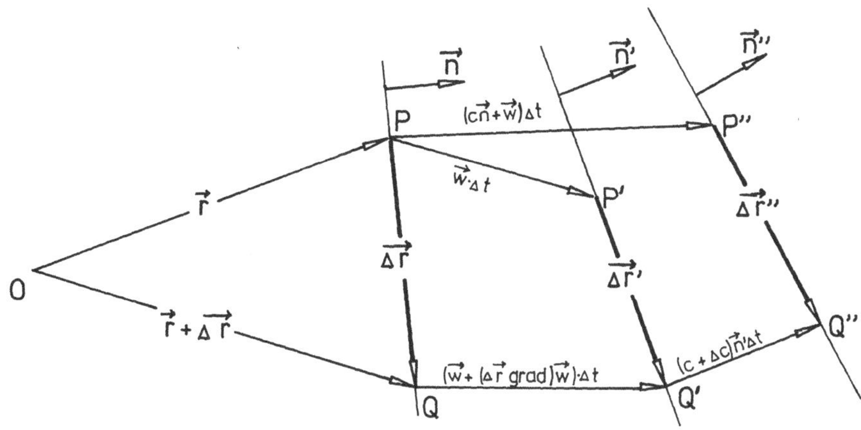

Auf einem kleinen Ausschnitt einer Wellenfront, der als eben angenommen werden kann, liegen die benachbarten Punkte P mit dem Ortsvektor $\vec{r}$ und Q mit dem Ortsvektor $\vec{r} + \Delta\vec{r}$. Der Normaleneinheitsvektor auf der Wellenfront sei $\vec{n}$. Dann ist

$$\Delta\vec{r}\ \vec{n} = 0. \tag{1}$$

Durch den Wind $\vec{w}$ allein kommen nach der Zeit Δt P nach P'($\vec{r}'$), Q nach Q'($\vec{r}'+\Delta\vec{r}'$). Damit ist

$$\vec{r}' + \Delta\vec{r}' = \vec{r} + \Delta\vec{r} + [\vec{w} + (\Delta\vec{r}\ \mathrm{grad})\vec{w}]\,\Delta t. \tag{2}$$

Der Normaleneinheitsvektor ist jetzt $\vec{n}'$:

$$\Delta\vec{r}'\ \vec{n}' = 0 \tag{3}$$

Mit der Veränderung $\dot{\vec{n}}_{\vec{w}}\Delta t$, die $\vec{n}$ während der Zeit Δt allein unter dem Einfluß des Windes erfährt, folgt $\vec{n}'$ aus $\vec{n}$ zu

$$\vec{n}' = \vec{n} + \dot{\vec{n}}_{\vec{w}}\ \Delta t. \tag{4}$$

Durch Wind- und Schalleinfluß kommen nach der Zeit Δt P nach P"($\vec{r}$"), Q nach Q"($\vec{r}$" + $\Delta\vec{r}$"). P" und Q" liegen auf der neuen Wellenfront. Der Normaleneinheitsvektor ist jetzt $\vec{n}$"

$$\Delta\vec{r}'' \, \vec{n}'' = 0 \tag{5}$$

Mit der Veränderung $\dot{\vec{n}}\,\Delta t$, die $\vec{n}$ während der Zeit Δt unter Wind- und Schalleinfluß erleidet, folgt $\vec{n}$" aus $\vec{n}$ zu

$$\vec{n}'' = \vec{n} + \dot{\vec{n}}\,\Delta t. \tag{6}$$

Die Schallgeschwindigkeit sei c in P und c + Δc in Q'. Dann sind

$$\vec{r}'' = \vec{r} + (\vec{w} + c\vec{n})\Delta t, \tag{7}$$

$$\vec{r}''+\Delta\vec{r}'' = \vec{r}'+ \Delta\vec{r}' + (c + \Delta c)\Delta t\, \vec{n}' \tag{8}$$

Aus (4) bis (8) folgt

$$\left[\vec{r}' + \Delta\vec{r}' + (c+\Delta c)\Delta t(\vec{n}+\dot{\vec{n}}_{\vec{w}}\Delta t) - \vec{r} - (\vec{w}+c\,\vec{n})\Delta t\right] (\vec{n}+\dot{\vec{n}}\,\Delta t) = 0 \tag{9}$$

Aus (9) mit (2) folgt

$$\{\Delta\vec{r} + \left[(\Delta\vec{r}\text{ grad})\vec{w} + (c+\Delta c)(\vec{n}+\dot{\vec{n}}_{\vec{w}}\Delta t) - c\,\vec{n}\right]\Delta t\} (\vec{n}+\dot{\vec{n}}\,\Delta t) = 0 \tag{10}$$

Aus (10) mit (1) folgt nach Division mit Δt

$$\Delta\vec{r}\,\dot{\vec{n}} + \left[(\Delta\vec{r}\text{ grad})\vec{w} + (c+\Delta c)(\vec{n}+\dot{\vec{n}}_{\vec{w}}\Delta t) - c\,\vec{n}\right] (\vec{n} + \dot{\vec{n}}\,\Delta t) = 0 \tag{11}$$

Für $\Delta t \to 0$ folgt aus (11)

$$\Delta\vec{r}\,\dot{\vec{n}} + \vec{n}\left[(\Delta\vec{r}\text{ grad})\,\vec{w}\right] + \Delta c = 0. \tag{12}$$

Mit

$$\Delta c = \Delta\vec{r}\text{ grad } c \tag{13}$$

folgt aus (12)

$$\Delta\vec{r}\left[\dot{\vec{n}} + (\vec{n}\text{ grad})\vec{w} + \vec{n} \times \text{rot } \vec{w} + \text{grad } c\right] = 0 \tag{14}$$

Diese Gleichung ist nach (1) erfüllt, wenn

$$\dot{\vec{n}} + (\vec{n}\ \mathrm{grad})\vec{w} + \vec{n} \times \mathrm{rot}\ \vec{w} + \mathrm{grad}\ c = S\vec{n}. \tag{15}$$

S folgt aus (15) durch skalare Multiplikation mit $\vec{n}$ zu

$$S = \vec{n}\left[(\vec{n}\ \mathrm{grad})\vec{w} + \mathrm{grad}\ c\right]. \tag{16}$$

(15) mit (16) ist die Differentialgleichung für die Normaleneinheitsvektoren auf die Wellenfront.

Als Differentialgleichung für den durch den Ortsvektor $\vec{r}$ beschriebenen Schallstrahl folgt aus der in (7) bereits benutzten vektoriellen Addition von c $\vec{n}$ und $\vec{w}$

$$\dot{\vec{r}} = c\,\vec{n} + \vec{w} \tag{17}$$

Für die folgenden Untersuchungen ist es bequem, die Gleichungen (15) bis (17) in Komponenten angeschrieben zu haben

$$\vec{n} = \{\alpha, \beta, \gamma\},\ \vec{w} = \{u, v, w\},\ \vec{r} = \{x, y, z\}$$

und zur Abkürzung

$$\alpha \frac{\partial u}{\partial x} + \beta \frac{\partial v}{\partial x} + \gamma \frac{\partial w}{\partial x} + \frac{\partial c}{\partial x} = p, \tag{18a}$$

$$\alpha \frac{\partial u}{\partial y} + \beta \frac{\partial v}{\partial y} + \gamma \frac{\partial w}{\partial y} + \frac{\partial c}{\partial y} = q, \tag{18b}$$

$$\alpha \frac{\partial u}{\partial z} + \beta \frac{\partial v}{\partial z} + \gamma \frac{\partial w}{\partial z} + \frac{\partial c}{\partial z} = r \tag{18c}$$

zu setzen.

Dann werden (15) zu

$$\dot{\alpha} = -p + S\alpha, \tag{19a}$$

$$\dot{\beta} = -q + S\beta \tag{19b}$$

$$\dot{\gamma} = -r + S\gamma \tag{19c}$$

(16) zu

$$S = p\alpha + q\beta + r\gamma, \tag{20}$$

(17 zu

$$\dot{x} = c\alpha + u, \qquad (21a)$$

$$\dot{y} = c\beta + v, \qquad (21b)$$

$$\dot{z} = c\gamma + w. \qquad (21c)$$

2.4.3. Herleitung der Differentialgleichungen für Höhenschallstrahlen aus der Eikonalgleichung

In der geometrischen Akustik, z.B. bei Landau-Lifschitz [5, S. 297-304], werden Schallwellen betrachtet, bei denen Amplitude und Richtung der Welle auf Strecken von der Größenordnung der Wellenlänge nahezu konstant sind. Im folgenden wird zunächst die Luft als ruhend angenommen. Wird nun ein Schallvorgang in Komponenten mit harmonischem Geschwindigkeitspotential ϕ:

$$\phi = a\, e^{i\psi} \qquad (1')$$

zerlegt gedacht, so ist dann die Amplitude a eine langsam veränderliche Funktion des Ortes $\vec{r}$ und der Zeit t und die Phase ψ, das Eikonal, ist annähernd linear im Ort $\vec{r}$ und in der Zeit t:

$$\psi = \psi_o + \vec{r}\,\mathrm{grad}\,\psi + t\,\frac{\partial\psi}{\partial t}\,. \qquad (2')$$

Bei ebenen Wellen ist

$$\psi = \vec{k}\,\vec{r} - \omega t, \qquad (3')$$

wobei $\vec{k}$ der Wellenzahlvektor und ω die Kreisfrequenz sind. Vergleich von (2') und (3') legt nahe,

$$\vec{k} = \mathrm{grad}\,\psi \equiv \frac{\partial\psi}{\partial\vec{r}}\,, \qquad (4')$$

$$\omega = -\frac{\partial\psi}{\partial t} \qquad (5')$$

zu setzen.

Die Dispersionsgleichung, die unter den Voraussetzungen der geometrischen Akustik auch für inhomogene Medien gilt,

$$\omega^2 = k^2c^2, \qquad k = |\vec{k}| \qquad (6')$$

liefert dann mit (4) und (5) die Grundgleichung der geometrischen Akustik:

$$c^2(\text{grad } \psi)^2 = (\frac{\partial \psi}{\partial t})^2. \qquad (7')$$

Gleichung (5') entspricht formal der Hamilton-Jacobischen Gleichung der theoretischen Mechanik:

$$H(\vec{r}, \text{ grad } S, t) = - \frac{\partial S}{\partial t} \qquad (8')$$

mit der Hamiltonfunktion H und der Wirkung S.

In der theoretischen Mechanik wird gezeigt, daß der Impuls $\vec{p}$ aus S nach

$$\vec{p} = \text{grad } S \qquad (9')$$

erhalten wird, und die Hamilton-Jacobische Gleichung den Hamiltonschen Gleichungen

$$\dot{\vec{p}} = - \text{grad } H, \qquad (10')$$

$$\dot{\vec{r}} = \frac{\partial H}{\partial \vec{p}} \qquad (11')$$

Äquivalent ist.

Aus der Analogie von S und ψ, H und ω, $\vec{p}$ und $\vec{k}$ folgen

$$\dot{\vec{k}} = - \frac{\partial \omega}{\partial \vec{r}} \qquad (12')$$

$$\dot{\vec{r}} = \frac{\partial \omega}{\partial \vec{k}}\ . \qquad (13')$$

Wird nun die Luft durch den Wind w bewegt, der auf Strecken von der Größenordnung der Wellenlänge nahezu konstant sein soll, so ist (3') durch

$$\psi = \vec{k}\ \vec{r}' - k\ c\ t \qquad (14')$$

zu ersetzen, wobei sich $\vec{r}'$ auf das mit der Luft bewegte Koordinatensystem bezieht. In einem ruhenden System sei der Ortsvektor $\vec{r}$. Dann gilt für den Zusammenhang von $\vec{r}$ und $\vec{r}'$:

$$\vec{r} = \vec{r}' + \vec{w}\ t.. \qquad (15')$$

Damit wird ψ zu

$$\psi = \vec{k}\,\vec{r} - (k\,c + \vec{k}\,\vec{w})t \tag{16'}$$

und mit (5') folgt

$$\omega = k\,c + \vec{k}\,\vec{w} \tag{17'}$$

und mit (12') und (13')

$$\dot{\vec{k}} = -(\vec{k}\ \mathrm{grad})\vec{w} - \vec{k} \times \mathrm{rot}\ \vec{w} - k\ \mathrm{grad}\ c, \tag{18'}$$

$$\dot{\vec{r}} = c\ \vec{k}/k + \vec{w}, \tag{19'}$$

(18') beschreibt den Verlauf des Wellenzahlvektors $\vec{k}$ und damit wegen

$$\vec{n} = \vec{k}/k \tag{20'}$$

auch den Verlauf des Normaleneinheitsvektors auf die Wellenfront. (19') legt den durch den Ortsvektor $\vec{r}$ beschriebenen Schallstrahl fest.

In der Schallmessung wird allerdings nicht die Gleichung (18') verwendet, sondern die mit

$$\vec{a} \equiv \dot{\vec{k}} + (\vec{k}\ \mathrm{grad})\vec{w} + \vec{k} \times \mathrm{rot}\ \vec{w} + k\ \mathrm{grad}\ c \tag{21'}$$

aus (18') über

$$k^2\ \vec{a} - \vec{k}(\vec{k}\ \vec{a}) = 0 \tag{22'}$$

mit (20') hervorgehende Gleichung

$$\dot{\vec{n}} + (\vec{n}\ \mathrm{grad})\vec{w} + \vec{n} \times \mathrm{rot}\ \vec{w} + \mathrm{grad}\ c = S\ \vec{n} \tag{23'}$$

mit

$$S = \vec{n}[(\vec{n}\ \mathrm{grad})\vec{w} + \mathrm{grad}\ c]. \tag{24'}$$

oder eine aus (23'), (24') durch Spezialisierung gewonnene Gleichung. Die Herleitung von (23'), (24') und, entsprechend (19'):

$$\dot{\vec{r}} = c\,\vec{n} + \vec{w}$$

erfolgt aus dem Huygensschen Prinzip durch elementare, geometrische Betrachtungen der Ausbreitung der Wellenfront.

Im folgenden soll (23') aus (18') und (20') hergeleitet werden.

Aus (18') folgt (22') zu

$$k^2\{\dot{\vec{k}} + (\vec{k}\ \mathrm{grad})\vec{w} + \vec{k} \times \mathrm{rot}\ \vec{w} + k\ \mathrm{grad}\ c\} - \vec{k}\{\vec{k}[\dot{\vec{k}} + [(\vec{k}\ \mathrm{grad})\vec{w}] + k\ \mathrm{grad}\ c]\} = 0 \qquad (26')$$

Aus

$$\vec{k}^2 = k^2 \qquad (27')$$

folgt

$$\vec{k}\dot{\vec{k}} = k\dot{k} \qquad (28')$$

und aus (20') folgt

$$\dot{\vec{n}} = \frac{\dot{\vec{k}}}{k} - \frac{\vec{k}}{k^2}\,\dot{k}. \qquad (29')$$

Mit (20'), (28') und (29') folgt aus (26') nach Division durch k^3:

$$\dot{\vec{n}} + (\vec{n}\ \mathrm{grad})\vec{w} + \vec{n} \times \mathrm{rot}\ \vec{w} + \mathrm{grad}\ c - \vec{n}\{\vec{n}[(\vec{n}\ \mathrm{grad})\vec{w} + \mathrm{grad}\ c]\} = 0, \qquad (30')$$

also (23') und (24').

2.4.4. Integration der Differentialgleichungen für die geschichtete Atmosphäre

Im folgenden wird angenommen, daß der Wind $\vec{w}$ horizontal gerichtet ist und ebenso wie die Schallgeschwindigkeit c nur von der Höhe z und nicht explizit von der Zeit t abhängt. Für diesen Sonderfall, der als geschichtete Atmosphäre bezeichnet sei, wird (18) zu

$$p = 0, \qquad (22a)$$

$$q = 0, \qquad (22b)$$

$$r = \alpha\frac{du}{dz} + \beta\frac{dv}{dz} + \frac{dc}{dz}. \qquad (22c)$$

und aus (19a) und (19b) folgt

$$\alpha \dot{\beta} - \beta \dot{\alpha} = 0. \quad (23)$$

Der Übergang zu Elevation τ und Azimut ϕ des Normaleneinheitsvektors, also

$$\alpha = \cos\tau \cos\phi, \quad (24a)$$
$$\beta = \cos\tau \sin\phi, \quad (24b)$$
$$\gamma = \sin\tau \quad (24c)$$

überführt (23) in

$$\cos^2\tau \frac{d\phi}{dt} = 0 \quad (25)$$

woraus durch Integration

$$\phi = \text{konst} \quad (26)$$

folgt.

Das Azimut ϕ des Normaleneinheitsvektors ist also konstant.

Aus (19c) folgt mit (22) und (24)

$$\dot{\tau} \cos\tau = - \cos^2\tau \left[\cos\tau \left(\frac{du}{dz} \cos\phi + \frac{dv}{dz} \sin\phi\right) + \frac{dc}{dz}\right] \quad (27)$$

und mit (21c) wegen w = 0

$$c \frac{\sin\tau}{\cos^2\tau} \frac{d\tau}{dz} + \frac{1}{\cos\tau} \frac{dc}{dz} + \frac{du}{dz} \cos\phi + \frac{dv}{dz} \sin\phi = 0 \quad (28)$$

woraus durch Integration

$$\frac{c}{\cos\tau} + u \cos\phi + v \sin\phi = \text{konst} \quad (29)$$

folgt. Dies ist das Brechungsgesetz für den Normaleneinheitsvektor. Mit (26) und (29) ist der Verlauf der Normaleneinheitsvektoren bei gegebenen Wetterdaten und gegebenen Anfangswerten bestimmt.

Aus (21) folgen

$$\frac{dx}{dz} = \frac{u + c \cos\tau \cos\phi}{c \sin\tau} \quad (30a)$$

$$\frac{dy}{dz} = \frac{v + c \cos\tau \sin\phi}{c \sin\tau} \quad (30b)$$

$$\frac{dt}{dz} = \frac{1}{c \sin\tau} \quad (30c)$$

Dabei ist $\tau(z)$ gegeben durch (29) und ϕ konstant. Aus (30a), (30b) und (30c) folgen $x(z)$, $y(z)$ und $t(z)$ deshalb durch Quadratur. Damit ist der zeitliche Verlauf des Schallstrahles bestimmt.

2.4.5. Hörbarkeit des Schalles

Im folgenden wird der Sonderfall aus Abschnitt 2.4.4. unter der zusätzlichen Annahme, daß der Wind seine Richtung nicht mit der Höhe ändert, weiterdiskutiert. Das Ziel ist, Aussagen über die Hörbarkeit des Schalles zu gewinnen.

Ohne Beschränkung der Allgemeinheit kann das Koordinatensystem so gewählt werden, daß die Schallquelle im Koordinatenursprung liegt und der Schall in Richtung der positiven x-Achse abgeht. Dann ist

$$\phi = 0 \,. \tag{31}$$

Ferner werden für den Sonderfall aus Abschnitt 2.4.4.

$$c = c_B + a_c\, z \tag{32}$$

und aufgrund der obigen, zusätzlichen Annahme über den Wind mit dem Windgradientenwinkel ω_g

$$u = (w_B + a_w\, z) \cos \omega_g \tag{33}$$

$$v = (w_B + a_w\, z) \sin \omega_g \tag{34}$$

gewählt. c_B und w_B sind die Werte von c und $|\vec{w}|$ für $z = 0$, also am Boden. a_c und a_w sind die als konstant angenommenen Gradienten von c und $|\vec{w}|$. ω_g wird so gewählt, daß der Windgradient a_w positiv ist.

Mit (31) bis (34) wird (27) zu

$$\dot{\tau} = -\,(a_c + a_w \cos \omega_g \cos \tau) \cos \tau . \tag{35}$$

Die Orthogonaltrajektorien auf der Wellenfront, und damit wegen

$$|\vec{w}| \ll c \tag{36}$$

auch der Schallstrahl, werden zur Horizontalen zurückgekrümmt, wenn $\dot{\tau} < 0$ und von der Horizontalen weggekrümmt, wenn $\dot{\tau} > 0$ ist. In der Praxis sind nur kleine Winkel τ zu betrachten. Also kann

$$\cos \tau = 1 \tag{37}$$

gesetzt werden. (35) wird damit zu

$$\dot{\tau} = - a_c - a_w \cos \omega_g \tag{38}$$

und die Bedingung $\dot{\tau} < 0$ zu

$$a_c + a_w \cos \omega_g > 0 \, . \tag{39}$$

Winkelbereiche ω_g , die diese Ungleichung erfüllen, sind Bereiche guter Hörbarkeit. (39) wird deshalb im folgenden Hörbarkeitsbedingung genannt.

Es sind vier Fälle zu unterscheiden:

1.) $a_c > 0$; $a_c > a_w$.

Daraus folgt: Die Hörbarkeitsbedingung ist für alle ω_g erfüllt. Die Hörbarkeit ist also nach allen Richtungen gut. Allerdings bedeutet $a_c > a_w$, daß die Schallgeschwindigkeit mit der Höhe rascher zunimmt als der Wind, was im allgemeinen nur bei starker Temperaturversion eintritt. Dieses ist nach H. Mayer [6] besonders im Sommer und Herbst in der Nacht zwischen 21.00 und 6.00 Uhr der Fall.

2.) $a_c > 0$; $a_c < a_w$.

Daraus folgt: Die Hörbarkeitsbedingung ist nur für

$$0 \leq |\omega_g| < \omega_{g\,max}$$

mit

$$\omega_{g\,max} = \arccos\left(- \frac{a_c}{a_w}\right) \tag{40}$$

erfüllt. Offensichtlich liegt $_{g\,max}$ zwischen 90° und 180°. Dieser Fall tritt bereits bei schwacher Temperaturinversion auf und ist daher häufiger als der erste Fall.

3.) $a_c < 0$, $|a_c| < a_w$.

Daraus folgt: Die Hörbarkeitsbedingung ist nur für

$$0 \leqq |\omega_g| < \omega_{g\,max}$$

mit

$$\omega_{g\,max} = \arccos \frac{|a_c|}{a_w} = \arccos \left(- \frac{a_c}{a_w} \right) \qquad (40)$$

erfüllt. Offensichtlich liegt $\omega_{g\,max}$ zwischen 0° und 90°. Dieser Fall ist in der Schallmessung am häufigsten.

4.) $a_c < 0$, $|a_c| > a_w$.

Daraus folgt: Die Hörbarkeitsbedingung ist nicht erfüllbar. Dies ist besonders bei schwachem Wind und warmer Luft am Boden, also bei besonders "schönem" Wetter ("Strahlungstage"), mittags, nachmittags und abends der Fall.

Die Hörbarkeitsbedingung ist, sofern überhaupt, umso besser erfüllt, je kleiner $|\omega_g|$ ist. Das bedeutet, daß die Hörbarkeit in Richtung des Windgradienten am besten ist. Die häufig anzutreffende Meinung, der Wind "trage" den Schall, ist nur richtig für kleine Entfernungen. Bei den in der Schallortung üblichen Entfernungen "trägt" der Windgradient den Schall und der Windgradient kann durchaus entgegengesetzt zum Wind gerichtet sein. Das tritt häufig bei Bodenwind auf.

2.4.6. Integration bei konstanten Gradienten

Es möge eine geschichtete Atmosphäre mit konstanter Windrichtung und konstanten Gradienten der Schallgeschwindigkeit und der Windstärke vorliegen. In diesem Fall können die Differentialgleichungen des Schallstrahles geschlossen integriert werden.

Das Koordinatensystem sei wie im vorhergehenden Abschnitt gewählt. Als Parameter für die Differentialgleichungen des Schallstrahles wird der Elevationswinkel τ benutzt und damit aus (28), (30a), (30b), (30c) und (31) bis (34) folgende Differentialgleichungen erhalten, wobei Ableitungen nach τ durch das Symbol ' gekennzeichnet sind:

$$t' = - \frac{1}{(a_c + a_w \cos \omega_g \cos \tau) \cos \tau}, \qquad (41)$$

$$x' = - \frac{w \cos \omega_g + c \cos \tau}{(a_c + a_w \cos \omega_g \cos \tau) \cos \tau}, \qquad (42)$$

$$y' = - \frac{w \sin \omega_g}{(a_c + a_w \cos \omega_g \cos \tau) \cos \tau}, \qquad (43)$$

$$z' = - \frac{c \sin \tau}{(a_c + a_w \cos \omega_g \cos \tau) \cos \tau}. \qquad (44)$$

mit

$$w(z) = w_B + a_w z, \tag{45}$$

$$c(z) = c_B + a_c z. \tag{46}$$

Die Anfangswerte

$$\tau = \tau_o, \ t = 0, \ x = y = z = 0 \tag{47}$$

werden im folgenden sofort berücksichtigt.

Die Differentialgleichung mit τ' liefert durch Trennung der Veränderlichen und Integration

$$t = \frac{1}{a_c}\left[\ln \frac{\tan(\frac{\pi}{4}+\frac{\tau_o}{2})}{\tan(\frac{\pi}{4}+\frac{\tau}{2})} + a_w \cos\omega_g \int_{\tau_o}^{\tau} \frac{d\tau}{a_c+a_w \cos\omega_g \cos\tau}\right]. \tag{48}$$

Das der Kürze halber in dieser Anschrift stehengebliebene Integral ist geschlossen auswertbar.

Für $a_c > a_w \cos\omega_g$ ist $\int_{\tau_o}^{\tau} \frac{d\tau}{a_c+a_w \cos\omega_g \cos\tau} =$

$$= \frac{2}{\sqrt{a_c^2-a_w^2\cos^2\omega_g}} \arctan\left(\frac{\sqrt{a_c^2-a_w^2\cos^2\omega_g}\,(\tan\frac{\tau}{2} - \tan\frac{\tau_o}{2})}{a_c+a_w \cos\omega_g+(a_c-a_w \cos\omega_g)\tan\frac{\tau}{2} \tan\frac{\tau_o}{2}}\right), \tag{49}$$

für $a_c < a_w \cos\omega_g$ ist $\int_{\tau_o}^{\tau} \frac{d\tau}{a_c+a_w \cos\omega_g \cos\tau} =$

$$= \frac{2}{\sqrt{|a_c^2-a_w^2\cos^2\omega_g|}} \operatorname{artanh}\left(\frac{\sqrt{|a_c^2-a_w^2\cos^2\omega_g|}\,(\tan\frac{\tau}{2} - \tan\frac{\tau_o}{2})}{a_c+a_w \cos\omega_g+(a_c-a_w \cos\omega_g)\tan\frac{\tau}{2} \tan\frac{\tau_o}{2}}\right). \tag{49'}$$

Ferner kann der erste Summand auch anders angeschrieben werden, vermöge der Beziehung

$$\ln \tan(\frac{\pi}{4}+\frac{\tau}{2}) = \frac{1}{2} \ln \frac{1+\sin\tau}{1-\sin\tau} = \operatorname{artanh} \sin\tau. \tag{50}$$

Die Differentialgleichung mit z' liefert durch Trennung der Veränderlichen und Integration

$$z = \frac{c_B(\cos\tau - \cos\tau_o)}{\cos\tau_o(a_c+a_w \cos\omega_g \cos\tau)}. \tag{51}$$

Diese Beziehung für $z(\tau)$ wird in die Differentialgleichungen mit x' und y' eingesetzt. Diese Differentialgleichungen liefern dann durch Trennung der Veränderlichen und Integration

$$x = x_1 + x_2 \cos\omega_g, \tag{52}$$

$$y = x_2 \sin\omega_g. \tag{53}$$

mit

$$x_1 = -\frac{c_B(a_c+a_w\cos\omega_g\cos\tau_o)}{(a_c^2-a_w^2\cos^2\omega_g)\cos\tau_o}\left\{a_c\left[\frac{\sin\tau}{a_c+a_w\cos\omega_g\cos\tau}-\frac{\sin\tau_o}{a_c+a_w\cos\omega_g\cos\tau_o}\right]\right.$$

$$\left.-\,a_w\cos\omega_g\int_{\tau_o}^{\tau}\frac{d\tau}{a_c+a_w\cos\omega_g\cos\tau}\right\}, \qquad (54)$$

$$x_2 = \frac{c_Ba_w-w_Ba_c}{a_c^2}\ln\frac{\tan(\frac{\pi}{4}+\frac{\tau}{2})}{\tan(\frac{\pi}{4}+\frac{\tau_o}{2})}+$$

$$+\frac{c_Ba_w^2\cos\omega_g(a_c+a_w\cos\omega_g\cos\tau_o)}{a_c(a_c^2-a_w^2\cos^2\omega_g)\cos\tau_o}$$

$$\cdot\left[\frac{\sin\tau}{a_c+a_w\cos\omega_g\cos\tau}-\frac{\sin\tau_o}{a_c+a_w\cos\omega_g\cos\tau_o}\right]+$$

$$+\,a_w\frac{-c_Ba_c^3+\left[w_Ba_c(a_c^2-a_w^2\cos^2\omega_g)-c_Ba_w(2a_c^2-a_w^2\cos^2\omega_g)\right]\cos\omega_g\cos\tau_o}{a_c^2(a_c^2-a_w^2\cos^2\omega_g)\cos\tau_o}$$

$$\cdot\int_{\tau_o}^{\tau}\frac{d\tau}{a_c+a_w\cos\omega_g\cos\tau}, \qquad (55)$$

wobei das der Kürze halber stehengebliebene Integral bereits oben ausintegriert angegeben wurde.

Die erhaltenen Lösungen gestatten die Bestimmung der Scheitelhöhe H des Schallstrahles, des **Elevationswinkels** im Endpunkt τ_e, der totalen Schallaufzeit T und der Koordinaten X, Y des Endpunktes des Schallstrahles.

Im Scheitelpunkt gilt $\tau = 0$. Damit folgt aus $z(\tau)$ für $H = z(0)$

$$H = \frac{c_B(1-\cos\tau_o)}{(a_c+a_w\cos\omega_g)\cos\tau_o}. \qquad (56)$$

Im Endpunkt gilt $z = 0$. Damit folgt aus $z(\tau)$ für $\tau_e = \tau(z=0)$

$$\tau_e = -\tau_o. \qquad (57)$$

Im Endpunkt gilt also $\tau_e = -\tau_o$. Damit folgt aus $t(\tau)$ für $T = t(\tau_o)$

$$T = \frac{1}{a_c}\left[2\ln\tan(\frac{\pi}{4}+\frac{\tau_o}{2})+a_w\cos\omega_g\int_{\tau_o}^{-\tau_o}\frac{d\tau}{a_c+a_w\cos\omega_g\cos\tau}\right] \qquad (58)$$

Für $a_c > a_w \cos\omega_g$ ist $\int_{\tau_o}^{-\tau_o} \frac{d\tau}{a_c+a_w\cos\omega_g\cos\tau} =$

$$= -\frac{2}{\sqrt{a_c^2-a_w^2\cos^2\omega_g}} \arctan\left(\frac{2\sqrt{a_c^2-a_w^2\cos^2\omega_g}\tan\frac{\tau_o}{2}}{a_c+a_w\cos\omega_g-(a_c-a_w\cos\omega_g)\tan^2\frac{\tau_o}{2}}\right), \quad (59)$$

Für $a_c < a_w \cos\omega_g$ ist $\int_{\tau_o}^{-\tau_o} \frac{d\tau}{a_c+a_w\cos\omega_g\cos\tau} =$

$$= -\frac{2}{\sqrt{|a_c^2-a_w^2\cos^2\omega_g|}} \operatorname{artanh}\left(\frac{2\sqrt{|a_c^2-a_w^2\cos^2\omega_g|}\tan\frac{\tau_o}{2}}{a_c+a_w\cos\omega_g-(a_c-a_w\cos\omega_g)\tan^2\frac{\tau_o}{2}}\right). \quad (59')$$

Mit $\tau_e = -\tau_o$ folgen aus $x(\tau)$, $y(\tau)$ für die Koordinaten $X = x(\tau_e)$, $Y = y(\tau_e)$ des Endpunktes:

$$X = X_1 + X_2\cos\omega_g, \quad (60)$$

$$Y = X_2\sin\omega_g, \quad (61)$$

$$X_1 = \frac{c_B}{a_c^2-a_w^2\cos^2\omega_g}\left\{2a_c\tan\tau_o + \frac{a_w\cos\omega_g(a_c+a_w\cos\omega_g\cos\tau_o)}{\cos\tau_o}\int_{\tau_o}^{-\tau_o}\frac{d\tau}{a_c+a_w\cos\omega_g\cos\tau}\right\}, \quad (62)$$

$$X_2 = -2\frac{c_Ba_w-w_Ba_c}{a_c^2}\operatorname{artanh}(\sin\tau_o) - \frac{2c_Ba_w^2\cos\omega_g}{a_c(a_c^2-a_w^2\cos^2\omega_g)}\tan\tau_o + a_w\frac{-c_Ba_c^3+[w_Ba_c(a_c^2-a_w^2\cos^2\omega_g)-c_Ba_w(2a_c^2-a_w^2\cos^2\omega_g)]\cos\omega_g\tau_o}{a_c^2(a_c^2-a_w^2\cos^2\omega_g)\cos\tau_o}\cdot\int_{\tau_o}^{-\tau_o}\frac{\tau}{a_c+a_w\cos\omega_g\cos\tau} \quad (63)$$

wobei das der Kürze halber stehengebliebene Integral bereits ausintegriert angegeben wurde.

Bei Windstille gelten $w_B \equiv 0$, $a_w \equiv 0$ und die oben erhaltenen Formeln vereinfachen sich beträchtlich. Es gelten dann

$$t = \frac{1}{a_c}\ln\frac{\tan(\frac{\pi}{4}+\frac{\tau_o}{2})}{\tan(\frac{\pi}{4}+\frac{\tau}{2})}, \quad (64)$$

$$z = \frac{c_B(\cos\tau - \cos\tau_o)}{a_c\cos\tau_o}, \quad (65)$$

$$x = \frac{c_B(\sin\tau_o - \sin\tau)}{a_c\cos\tau_o}, \quad (66)$$

$$y = 0\,, \tag{67}$$

$$H = \frac{c_B(1-\cos\tau_o)}{a_c\cos\tau_o} \tag{68}$$

$$T = \frac{2}{a_c}\ln\tan\left(\frac{\pi}{4}+\frac{\tau_o}{2}\right) \tag{69}$$

$$X = \frac{2c_B}{a_c}\tan\tau_o \tag{70}$$

$$Y = 0\,. \tag{71}$$

Die Bahn des Schalles ist also eben. Aus den obigen Beziehungen für $x(\tau)$, $z(\tau)$ folgt durch Elimination von τ die Gleichung der Bahn des Schallstrahles, und zwar eine Kreisbahn. Dazu werden die Gleichungen für $x(\tau)$ und $z(\tau)$ nach $\sin\tau$ und $\cos\tau$ aufgelöst:

$$\sin\tau = \sin\tau_o - \frac{a_c}{c_B}\,x\cos\tau_o \tag{72}$$

$$\cos\tau = \cos\tau_o + \frac{a_c}{c_B}\,z\cos\tau_o \tag{73}$$

und daraus folgt wegen $\sin^2\tau + \cos^2\tau = 1$:

$$(x^2+z^2)\frac{a_c}{c_B}\cos\tau_o + 2(z\cos\tau_o - x\sin\tau_o) = 0 \tag{74}$$

und umgeformt zur üblichen Anschrift der Kreisgleichung

$$\left(x-\frac{c_B}{a_c}\tan\tau_o\right)^2 + \left(z+\frac{c_B}{a_c}\right)^2 = \left(\frac{c_B}{a_c\cos\tau_o}\right)^2\,. \tag{75}$$

Die Bahn ist also ein Kreis.

Mit den oben angegebenen Beziehungen für X und H läßt sich die Bahngleichung als

$$\left(x-\frac{X}{2}\right)^2 + \left(z+\frac{c_B}{a_c}\right)^2 = \left(H+\frac{c_B}{a_c}\right)^2 \tag{76}$$

schreiben.

Die Mittelpunkte aller Schallbahnkreise liegen in der durch

$$z = -\frac{c_B}{a_c} \tag{77}$$

gegebenen Horizontalebene. In der Schallmessung ist im

allgemeinen

$$\frac{c_B}{a_c} \gg X \,. \tag{78}$$

Daraus folgt, daß τ_o klein ist, und die Schallstrahlen nahe der Erdoberfläche verlaufen.

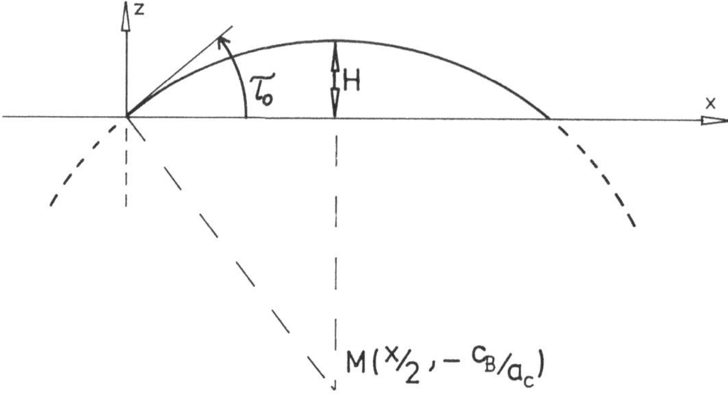

2.4.7. Entwicklung nach Potenzen des Elevationswinkels τ_o .

Da τ_o klein ist, liegt es nahe, die interessierenden Größen in eine Potenzreihe nach Potenzen von τ_o zu entwickeln. Dies soll im folgenden für die Scheitelhöhe H, die totale Schallaufzeit T und die Koordinaten X, Y des Endpunktes geschehen. Zunächst werden die Hilfsgrößen bis auf Potenzen τ_o^7 und höher entwickelt:

$$\int_{\tau_o}^{-\tau_o} \frac{d\tau}{a_c+a_w\cos\omega_g\cos\tau} = -\frac{2\,\tau_o}{a_c+a_w\cos\omega_g}\left\{1+\left[1-\frac{a_c-a_w\cos\omega_g}{a_c+a_w\cos\omega_g}\right]\frac{\tau_o^2}{12}+\left[2-5\frac{a_c-a_w\cos\omega_g}{a_c+a_w\cos\omega_g}+3\,\frac{(a_c-a_w\cos\omega_g)^2}{(a_c+a_w\cos\omega_g)^2}\right]\frac{\tau_o^4}{240}\right\}, \tag{79}$$

Damit folgen:

$$X_1 = \frac{2c_B\tau_o}{a_c+a_w\cos\omega_g}\left[1+\frac{2a_c+a_w\cos\omega_g}{a_c+a_w\cos\omega_g}\cdot\frac{\tau_o^2}{6}+\frac{16a_c^2+23a_ca_w\cos\omega_g+5a_w^2\cos^2\omega_g}{(a_c+a_w\cos\omega_g)^2}\cdot\frac{\tau_o^4}{120}\right], \tag{80}$$

$$X_2 = \frac{2\,\tau_o}{a_c+a_w\cos\,\omega_g}\left[w_B + \frac{2c_B a_w + w_B(a_c+2a_w\cos\,\omega_g)}{a_c+a_w\cos\,\omega_g}\cdot\frac{\tau_o^2}{6} + \right.$$

$$+ \frac{4c_B a_w(5a_c+7a_w\cos\,\omega_g)+w_B(5a_c^2+15a_c a_w\cos\,\omega_g+16a_w^2\cos^2\,\omega_g)}{(a_c+a_w\,\cos\,\omega_g)^2}\cdot$$

$$\left.\cdot\frac{\tau_o^4}{120}\right] \tag{81}$$

und damit sind wegen

$$X = X_1 + X_2\,\cos\,\omega_g\,, \tag{52}$$

$$Y = X_2\,\sin\,\omega_g \tag{53}$$

die Koordinaten X,Y des Endpunktes des Schallstrahles gegeben.

Ferner ergeben sich für die totale Schallaufzeit T bis auf Potenzen τ_o^7 und höher

$$T = \frac{2\,\tau_o}{a_c+a_w\cos\,\omega_g}\left[1+\frac{a_c+2a_w\cos\,\omega_g}{a_c+a_w\cos\,\omega_g}\,\frac{\tau_o^2}{6} + \right.$$

$$\left. + \frac{5a_c^2+15a_c a_w\,\cos\,\omega_g+16a_w^2\cos^2\,\omega_g}{(a_c+a_w\,\cos\,\omega_g)^2}\cdot\frac{\tau_o^4}{120}\right] \tag{82}$$

und für die Gipfelhöhe H bis auf Potenzen von τ_o^6 und höher

$$H = \frac{c_B\,\tau_o^2}{2(a_c+a_w\cos\,\omega_g)}\,(1+\frac{5}{12}\,\tau_o^2) \tag{83}$$

2.4.8. Entwicklung nach Potenzen der totalen Schallaufzeit T

Die Entwicklung nach Potenzen von τ_o hat den Nachteil, daß sie eine Entwicklung nach einer Größe ist, die nicht so unmittelbar wie etwa die totale Schallaufzeit T meßbar ist. Deshalb werden an Stelle der Entwicklungen nach Potenzen von τ_o Entwicklungen nach Potenzen von T gesucht und zwar soll bis auf Potenzen von T^7 und höher entwickelt werden.

Dazu wird die Entwicklung von $T(\tau_o)$ umgekehrt. Dies ergibt bis auf Potenzen von T^7 und höher

$$\tau_o = \frac{1}{2}(a_c+a_w\cos\,\omega_g)T\left[1-(a_c+2a_w\cos\,\omega_g)(a_c+a_w\cos\,\omega_g)\frac{T^2}{24} + \right.$$

$$\left. + (5a_c^2+25a_c a_w\cos\,\omega_g+24a_w^2\cos^2\,\omega_g)(a_c+a_w\cos\,\omega_g)^2\frac{T^4}{1920}\right]. \tag{84}$$

Diese Entwicklung in $H(\tau_o)$, $X_1(\tau_o)$ und $X_2(\tau_o)$ eingesetzt ergibt bis auf Potenzen von T^5 und höher für $H(T)$ und bis auf Potenzen von T^7 und höher für $X_1(T)$ und $X_2(T)$

$$H = \frac{c_B}{8}\,(a_c+a_w\cos\omega_g)T^2\left[1+(a_c-3a_w\cos\omega_g)(a_c+a_w\cos\omega_g)\frac{T^2}{48}\right], \quad (85)$$

$$X_1 = c_BT\left[1+(a_c^2-a_w^2\cos^2\omega_g)\frac{T^2}{24}+(a_c^2-2a_ca_w\cos\omega_g+9a_w^2\cos^2\omega_g)\cdot\right.$$

$$\left.(a_c+a_w\cos\omega_g)^2\,\frac{T^4}{1920}\right], \quad (86)$$

$$X_2 = T\left[w_B+c_Ba_w(a_c+a_w\cos\omega_g)\frac{T^2}{12}-c_Ba_w^2\cos\omega_g(a_c+a_w\cos\omega_g)^2\,\frac{T^4}{160}\right]. \quad (87)$$

Aus den erhaltenen Anschriften für X_1 und X_2 folgen

$$X = X_1+X_2\cos\omega_g = c_BT\left[1+\frac{w_B\cos\omega_g}{c_B}+(a_c+a_w\cos\omega_g)^2\,\frac{T^2}{24}+\right.$$

$$\left.+\,(a_c-3a_w\cos\omega_g)(a_c+a_w\cos\omega_g)^3\,\frac{T^4}{1920}\right], \quad (88)$$

$$Y = X_2\sin\omega_g = T\sin\omega_g\left[w_B+c_Ba_w(a_c+a_w\cos\omega_g)\frac{T^2}{12}-\right.$$

$$\left.-\,c_Ba_w^2\cos\omega_g(a_c+a_w\cos\omega_g)^2\,\frac{T^4}{160}\right]. \quad (89)$$

Die so erhaltenen Formeln sind brauchbar bis etwa T = 100 sec.

Die seitliche Abweichung Y ist sehr viel kleiner als X. Deshalb kann X als Näherung für die Schallortentfernung r verwendet werden. Können überdies a_c und a_w als genügend klein vernachlässigt werden, so folgt aus der obigen Entwicklung für $X(T)$:

$$r = T(c_B+w_B\cos\omega_g). \quad (90)$$

2.4.9. Die Gradientenkorrektur

Der Einfluß des Schallgeschwindigkeitsgradienten a_c und des Windgradienten a_w auf die Schallortentfernung soll jetzt durch eine Korrektur k_g an der totalen Schallaufzeit T ausgedrückt werden. Es wird also angesetzt

$$r = (T+k_g)(c_B+w_B\cos\omega_g). \quad (91)$$

Durch Vergleich mit der Entwicklung für $X(T)$ folgt bei Vernachlässigung von T^5 und höheren Potenzen von T:

$$k_g = \frac{c_B}{24}\,\frac{(a_c+a_w\cos\omega_g)^2}{c_B+w_B\cos\omega_g}\,T^3 \quad (92)$$

und für

$$w_B << c_B \tag{93}$$

folgt

$$k_g = \frac{1}{24} (a_c + a_w \cos \omega_g)^2 \, T^3 \, . \tag{94}$$

k_g wird als Gradientenkorrektur bezeichnet.

Ist T nicht genau bekannt, so wird näherungweise

$$T = \frac{r}{c_B} \tag{95}$$

gesetzt und damit näherungsweise

$$k_g = \frac{(a_c + a_w \cos \omega_g)^2}{24 \, c_B^3} \, r^3 \tag{96}$$

erhalten.

Der Hyperbel als geometrischer Ort für die Schallquelle liegen aber nicht die totalen Schallaufzeiten zu den Mikrophonen A und B sondern deren gemessene Differenz Δt zu Grunde. Diese ist zusätzlich zu den bisherigen Korrekturen um die Gradientenkorrekturdifferenz $\Delta k_g = k_{gB} - k_{gA}$ zu erhöhen:

$$\Delta t_o = \Delta t + k_\theta + k_w + k_{gB} - k_{gA} \, . \tag{97}$$

2.4.10. Mittelung über die Höhe z

Die im Abschnitt 2.4.8. in Formel (95) erhaltene Annäherung für T kann auch in die Entwicklung für H(T) eingesetzt werden und ergibt in erster Näherung

$$H = \frac{a_c + a_w \cos \omega_g}{8 \, c_B} \, r^2 \, . \tag{98}$$

Die Entwicklung für H(T) bis auf T^5 und höhere Potenzen von T kann in die Entwicklung für X(T) eingesetzt werden und ergibt bis auf T^7 und höhere Potenzen

$$X = T \left[c_B + w_B \cos \omega_g + (a_c + a_w \cos \omega_g) \, \frac{H}{3} \right] . \tag{99}$$

In der eckigen Klammer steht die Summe von Schallgeschwindigkeit und Windgeschwindigkeit in Richtung des Schallstrahles, jeweils genommen in der Höhe $z = \frac{H}{3}$. Wie in der Ballistik oft üblich, kann also mit einer mittleren Schall- und Windgeschwindigkeit, und zwar der in der Höhe $\frac{H}{3}$, gearbeitet werden. Wegen $X \approx r$ kann dann die Hyperbel für die Schallquelle mit

$$r = T(c + w \cos \omega_g)\Big|_{z = \frac{H}{3}} \tag{100}$$

bestimmt werden.

2.4.11. Schlußbemerkung zur Wetterberichtigung bei Höhenstrahlen

Bei der Gradientenkorrektur und bei der Mittelung über die Höhe z ist iterativ vorzugehen. Es werden zunächst die am Boden gültigen Werte von c und w verwendet. Die erhaltenen Hyperbeln ergeben einen Näherungswert r_o für die Entfernung der Schallquelle von den einzelnen Basen. Mit diesem Näherungswert wird das Höhenwetter erstmalig berücksichtigt. Als Ergebnis folgt ein Näherungswert r_1, usw.

2.5. Berücksichtigung von Böen (Windwellen)

2.5.1. Vorbemerkung

Die Berücksichtigung des Einflusses von Böen, also von Windwellen, bei der Schallortung in der Atmosphäre ist möglich, wird aber zur Zeit nicht durchgeführt. Trotzdem seien im folgenden die bisher dafür entwickelten Verfahren mitgeteilt.

2.5.2. Beschreibung der Windwellen

Dem homogenen Wind seien Windwellen überlagert. Als einfachste Näherung sei mit Esclangon [7]

$$w = w_1 + A \cos \left[\frac{2\pi}{T} (t - \frac{x}{W}) + \gamma\right]$$

angesetzt, wobei die x-Achse in Richtung des homogenen Windes gewählt sei, A die Windamplitude, T die Periode der Windwelle, W die Geschwindigkeit dieser Windwelle und γ ein Phasenwinkel bezeichnen. Ferner sei die Wellenlänge Λ der Windwelle eingeführt und es ist

$$\Lambda = WT.$$

Die Amplitude A kann die Größe von w_1 erreichen. Für die Periode T können Zeitdauern von einigen Sekunden bis einigen Minuten auftreten. Die Wellenlänge Λ kann einige Dekameter bis einige Kilometer betragen. Die Wellengeschwindigkeit W kann den Wert von w_1 überschreiten; sie hat die gleiche Richtung wie w_1 . Nach R. Sänger [4, S. 47] gehorcht die Wellengeschwindigkeit W dem gleichen Dispersionsgesetz wie Meereswellen, und zwar

$$W = \frac{g}{2\pi} \; T \; ,$$

wobei g die Erdbeschleunigung ist.

R. Sänger [4, S. 47] gibt folgende Grenzwerte an, zwischen denen die vorkommenden Werte von T, Λ und W liegen:

T = 3 sec.,	Λ = 15 m	W = 4,5 m/sec.
T = 60 sec.,	Λ = 6 km	W = 100 m/sec.

2.5.3. Beeinflussung der Schallgeschwindigkeit durch Windwellen

Als Schallgeschwindigkeit c muß jetzt

$$c = \frac{dx}{dt} = c_1 + w_1 + A \cos \left[\frac{2\pi}{T} \left(t - \frac{x}{W}\right) + \gamma\right]$$

angesetzt werden, wobei c_1 die Schallgeschwindigkeit in ruhender Luft ist.

Durch Integration folgt daraus mit der Integrationskonstanten ε für $|c_1 + w_1 - W| > A$

$$\tan \left[\frac{\pi}{T} \left(\frac{x}{W} - t\right) - \frac{\gamma}{2}\right] = f \tan (\nu\, t + \varepsilon)$$

mit

$$f = \sqrt{\frac{c_1+w_1-W+A}{c_1+w_1-W-A}} \; ,$$

$$\nu = \frac{\pi}{TW} \sqrt{(c_1+w_1-W)^2 - A^2} \; .$$

Die Bedingung

$$|c_1 + w_1 - W| > A$$

ist innerhalb der im vorhergehenden Abschnitt angegebenen Grenzwerte stets erfüllt. Dann kann näherungsweise $f = 1$

gesetzt werden und für große Zeiten t folgt aus der erhaltenen Lösung

$$\frac{\pi}{T}\left(\frac{x}{W} - t\right) = \nu t$$

und daraus mit $c = \frac{dx}{dt}$

$$c = W\left(1 + \frac{\nu T}{\pi}\right).$$

Die Schallgeschwindigkeit wird also ort- und zeitunabhängig. Diese für große Zeiten t zu verwendende Schallgeschwindigkeit wird als wirksame Schallgeschwindigkeit c_m bezeichnet. Mit dem oben angegebenen Ausdruck für ν folgt

$$c_m = W + \sqrt{(c_1+w_1-W)^2-A^2}$$

und durch Entwickeln der Wurzel für $(c_1+w_1-W)^2 \gg A^2$ folgt

$$c_m = c_1 + w_1 - \frac{A^2}{2(c_1+w_1-W)}$$

und daraus folgt für den meistens auftretenden Fall

$$W \ll c_1 ,$$

was immer mit

$$\left|\frac{A^2}{2(c_1+w_1)}\right| \ll \left|c_1+w_1\right|$$

zusammen auftritt, die auch schon ohne Berücksichtigung der Windwellen erhaltene Beziehung

$$c_m = c_1 + w_1 .$$

Bei kleiner Windwellengeschwindigkeit W kann demnach der Einfluß der Windwellen vernachlässigt werden. Bei großer Windwellengeschwindigkeit wird die wirksame Schallgeschwindigkeit bei großen Schallaufzeiten verringert und zwar proportional dem Quadrat der Amplitude der Windwelle.

Dieses theoretische Ergebnis wurde nach R. Sänger [4, S. 49] bei Messungen der Schallausbreitung für große Schallortentfernungen bestätigt.

2.5.4. Beeinflussung der Laufzeitdifferenz durch Windwellen

Das linksseitige Mikrophon B liege im Koordinatenursprung. Das rechtsseitige Mikrophon A habe die Koordinaten $x = b$, $y = 0$. Die Schallwelle laufe in Richtung der positiven x-Achse, ebenso die Windwelle. Das linksseitige Mikrophon erreiche die Schallwelle zur Zeit $t = 0$, das rechtsseitige zur Zeit $t = \Delta t$.

Aus der im vorhergehenden Abschnitt hergeleiteten Gleichung für die Ausbreitung der Schallwelle,

$$\tan\left[\frac{\pi}{T}\left(\frac{x}{W}-t\right) - \frac{\gamma}{2}\right] = f \tan(\nu t + \varepsilon),$$

folgt für das linksseitige Mikrophon

$$\tan \varepsilon = -\frac{1}{f} \tan \frac{\gamma}{2},$$

und für das rechtsseitige Mikrophon

$$\tan\left[\frac{\pi}{T}\left(\frac{b}{W}-\Delta t\right) - \frac{\gamma}{2}\right] = f \tan(\nu \Delta t + \varepsilon).$$

Ferner waren

$$f = \sqrt{\frac{c_1+w_1-W+A}{c_1+w_1-W-A}}$$

$$\nu = \frac{\pi}{TW} \sqrt{(c_1+w_1-W)^2 - A^2}.$$

Da

$$f \approx 1$$

folgt nach U.W. Rickert |6| mit

$$\frac{1}{f} = 1 + \mu,$$

$$\tan\left(-\frac{\gamma}{2}\right) = y, \qquad -\frac{\gamma}{2} = x$$

$$\frac{1}{f} \tan\left(-\frac{\gamma}{2}\right) = y^*, \qquad \varepsilon = x^*$$

die durch Entwicklung erhaltene Näherung für das linksseitige Mikrophon

$$\tan x^* = \tan x + \frac{x^*-x}{\cos^2 x} = (1 + \mu) \tan x.$$

Daraus folgt

$$x^* = x + \frac{\mu}{2} \sin 2x$$

und durch Elimination der Hilfsgrößen x^*, x und μ

$$\varepsilon = - \frac{\gamma}{2} + \frac{f-1}{2f} \sin \gamma .$$

Genauso folgt für das rechtsseitige Mikrophon

$$\frac{\pi}{T} \left(\frac{b}{W} - \Delta t\right) - \frac{\gamma}{2} = \nu \Delta t + \varepsilon + \frac{f-1}{2f} \sin \left[2(\nu \Delta t + \varepsilon)\right].$$

Schließlich folgen durch Entwickeln der Ausdrücke für f und ν mit

$$|c_1 + w_1 - W| > A$$

die Näherungen

$$f = 1 + \frac{A}{c_1 + w_1 - W},$$

$$\nu = \frac{\pi}{TW} (c_1 + w_1 - W).$$

Mit

$$\Lambda = WT$$

folgt aus den erhaltenen vier Näherungen

$$\Delta t = \frac{b}{c_1+w_1} - \frac{A\Lambda}{\pi(c_1+w_1)(c_1+w_1-W)} \sin\left[\pi\frac{c_1+w_1-W}{\Lambda}\Delta t\right] \cos\left[\pi\frac{c_1+w_1-W}{\Lambda}\Delta t - \gamma\right].$$

Der erste Summand rechts, $\frac{b}{c_1+w_1}$, gibt an, in welcher Zeit die Schallwelle ohne Störung durch Windwellen die Basislänge b durchläuft. Der zweite Summand ist eine Korrektur dieser Zeit um den Einfluß der Windwellen. Diese Korrektur wird als Windwellen- oder Böenschwankung $\delta\Delta t$ bezeichnet.

Es sei also

$$\Delta t = \frac{b}{c_1+w_1} - \delta\Delta t$$

gesetzt und $\delta\Delta t$ durch

$$\delta\Delta t = \frac{A\Lambda}{\pi c_1 (c_1 - W)} \sin\left[\pi \frac{b}{\Lambda}\left(1-\frac{W}{c_1}\right)\right] \cos\left[\pi\frac{b}{\Lambda}\left(1-\frac{W}{c_1}\right)-\gamma\right]$$

angenähert.

Die Böenschwankung ist umso kleiner, je kleiner Amplitude oder Wellenlänge der Windwelle, oder je kleiner der Sinus oder der Cosinus in $\delta\Delta t$ sind. Der Sinus ist z.B. klein, wenn die Basislänge b sehr klein ist, was aber die Meßgenauigkeit für Δt beeinträchtigt, oder wenn gleichzeitig

$$W \ll c_1, \; b \approx \Lambda$$

gelten. Der Cosinus kann z.B. auch bei geeigneter Größe des Phasenwinkels γ verschwinden.

Die maximale Größe der Böenschwankung $\delta\Delta t$ läßt sich wegen

$$c_1 \gg W$$

durch

$$(\delta\Delta t)_{max} = \frac{A\Lambda}{\pi \, c_1{}^2}$$

abschätzen. Es sind Werte bis zu einigen Hundertstel Sekunden zu erwarten.

2.5.5. Windmessung mit Anemometer und Pilotballon

Im folgenden seien vorausgesetzt, daß der Gradient der Schallgeschwindigkeit und des Windes verschwinden, und daß die Schalen des Anemometers und der Pilotballon trägheitslos der Bewegung der Luft folgen. Diese wird durch die Differentialgleichung

$$\dot{x} = w_\theta + A \cos \left[\frac{2\pi}{T}\left(t - \frac{x}{W}\right) + \gamma\right]$$

beschrieben. Deren Lösung wird für

$$|w_\theta - W| > A$$

durch

$$\tan\left[\frac{\pi}{T}\left(\frac{x}{W} - t\right) - \frac{\gamma}{2}\right] = f \tan(\nu t + \varepsilon)$$

mit

$$f = \sqrt{\frac{w_\theta - W + A}{w_\theta - W - A}}$$

$$\nu = \frac{\pi}{TW}\sqrt{(w_\theta - W)^2 - A^2}$$

und für

$$|w_\theta - W| < A$$

durch

$$\tan\left[\frac{\pi}{T}\left(\frac{x}{W}-T\right)-\frac{\gamma}{2}\right] = f \coth(\nu t+\varepsilon)$$

mit

$$f = \sqrt{\frac{A+w_\theta-W}{A-w_\theta+W}}$$

$$\nu = \frac{\pi}{TW}\sqrt{A^2-(w_\theta-W)^2}$$

beschrieben, wobei ε die Integrationskonstante ist.

Das ortsfeste Anemometer mißt den zeitlichen Mittelwert der Windgeschwindigkeit, also w_θ. Der Pilotballon jedoch mißt $\dot{x}$, für große Zeiten t und

$$|w_\theta - W| > A$$

den Wert

$$\dot{x} = W + \sqrt{(w_\theta - W)^2 - A^2}$$

und für große Zeiten t und

$$|w_\theta - W| < A$$

den Wert

$$x = w_\theta + A .$$

2.6. Genauigkeit der Ortung

2.6.1. Fehlerquellen und erste Abschätzungen

Die wichtigsten Fehlerquellen sind:

1.) Filmablesefehler, d.h. die beobachtete Zeitdifferenz wird vom Auswerter ungenau aus dem Meßschrieb ermittelt.

2.) Verwechslung von Boden- und Höhenschallstrahlen.

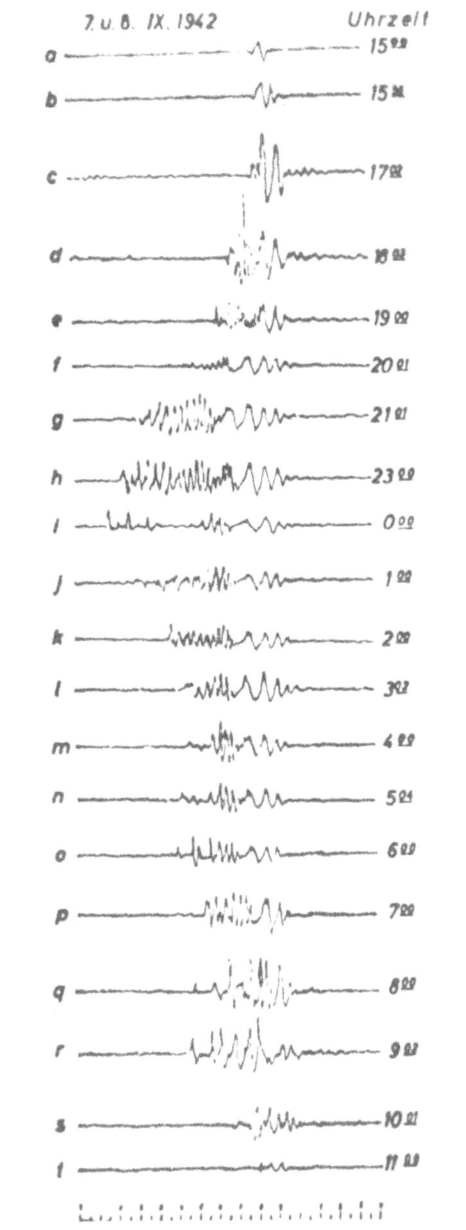

Änderungen des Knallbildes vom gleichen Ziel durch das Wetter.

3.) Wirbel in der Atmosphäre.

4.) Unstetigkeitsflächen in der Atmosphäre.

5.) Vermessungsfehler, d.h. die Standorte der Mikrophone sind ungenau vermessen.

6.) Ungenaue Bestimmung von Temperatur, Feuchtigkeit und Wind.

Das Windfeld ist ein Wirbelfeld mit unregelmäßig verteilten Wirbeln, deren Durchmesser Hektometer bis Dekameter, und deren Schwankungen in der Windgeschwindigkeit mehrere m/sec. betragen. Dadurch biegt sich die Schallwellenfront bis zu ein Meter durch. Die Schallaufzeitdifferenz verändert sich so bis zu 0,005 sec. Größte noch sinnvolle Auflösung der Registrierung der Laufzeiten ist daher 0,01 sec.

Gefordert wird eine Genauigkeit der Schallortung innerhalb der 50 %igen Streuung der Geschütze; also kann ein mittlerer Fehler von etwa 50 bis höchstens 100 m zugelassen werden.

Aus der größten sinnvollen Auflösung der Laufzeitdifferenzen von 0,01 sec., entsprechend einem Abstand benachbarter Hyperbeln von etwa drei m und einem zugelassenen mittleren Fehler von 100 m, kann die geringste vertretbare Basislänge berechnet werden. Sie ergibt sich für typische Zielkoordinaten zu mindestens 1500 m (nach J. Börstinger [3]).

2.6.2. Asymptoten- und Basisfehler

Die korrigierte Schallaufzeitdifferenz Δt habe den Fehler $\delta\Delta t$ und die Basislänge b den Fehler δb, dann folgt aus

$$\sin A_\infty = \frac{c}{b}\,\Delta t \;,$$

wegen $\quad \sin(A_\infty + \delta A_\infty) \approx \sin A_\infty + A_\infty \cos A_\infty$

der Fehler δA_∞ des Asymptotenwinkels zu

$$\delta A_\infty = \frac{c}{\cos A_\infty}\left(\frac{\delta\Delta t}{b} - \frac{\Delta t}{b^2}\,\delta b\right) =$$

$$= \frac{1}{\cos A_\infty}\left(\frac{c}{b}\,\delta\Delta t - \sin A_\infty \frac{\delta b}{b}\right) .$$

Aus dieser Formel läßt sich zweierlei ablesen: Der Asymptotenfehler ist umso kleiner, je näher die Schallquelle der Mittelsenkrechten auf der Basis liegt und je länger die Basis ist. Andererseits führt aber eine zu lange Basis zu großen Asymptotenschwenkungen und vor allem erschwert sie das Lesen der Filme, weil im allgemeinen sich die Bilder der Knalle umso mehr voneinander unterscheiden, je weiter die Mikrophone voneinander entfernt sind.

Fehler in der Orientierung der Basis sind in der obigen Formel nicht enthalten. Der Winkelfehler in der Orientierung der Basis addiert sich zu δA_∞.

2.6.3. Die Hyperbelverschiebungsformel von Driencourt, 1. Satz von Kammüller.

Diese Formel gibt an, um wieviel die Hyperbel, auf der die Schallquelle liegt, an der Stelle der Schallquelle parallel zu sich selbst verschoben wird, wenn die Zeitdifferenz Δt sich um $\delta\Delta t$ ändert.

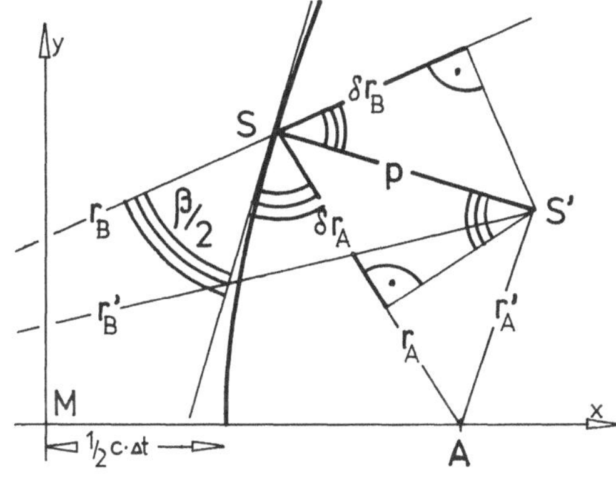

Die Tangente an die Hyperbel im Ort der Schallquelle S halbiert den Winkel β, den die beiden Schallstrahlen $\vec{r}_B$ und $\vec{r}_A$ miteinander einschließen. β ist also die Parallaxe der Basis AB in bezug auf die Schallquelle S.

Die Länge a der reellen Hyperbelhalbachse ist

$$a = \frac{c}{2}\,\Delta t = \frac{1}{2}(r_B - r_A) \ .$$

Diese Länge ändert sich um δa, wenn sich Δt um $\delta\Delta t$ ändert:

$$\delta a = \frac{c}{2}\,\delta\Delta t \ .$$

Dabei verschiebt sich die Schallquelle näherungsweise auf der Hyperbelnormalen in S um die Strecke p von S nach S'. Die Brennstrahlen $\vec{r}_B$ und $\vec{r}_A$ verändern sich dabei um $\delta\vec{r}_A$ und $\delta\vec{r}_B$. Aus der Skizze folgen

$$\delta r_A = -\,p\,\sin(\beta/2) \ ,$$
$$\delta r_B = \ \ p\,\sin(\beta/2) \ .$$

Folglich verändert sich a um δa:

$$\delta a = \frac{1}{2}(\delta r_B - \delta r_A) = p \sin(\beta/2) = \frac{c}{2}\,\delta\Delta t.$$

Daraus folgt

$$p = \frac{c\,\delta\Delta t}{2\sin(\beta/2)}$$

Dies ist die Hyperbelverschiebungsformel von Driencourt [4], die auch als 1. Satz von Kammüller bekannt ist [9], p kann als Maß für den Fehler in der Ortsbestimmung von S dienen.

Der geometrische Ort aller jener Schallquellen, die bei konstantem Fehler $\delta\Delta t$ der Schallaufzeitdifferenz den gleichen Betrag p der Hyperbelverschiebung haben, liegt auf einem Kreis über der Basis AB als Sehne mit dem Peripheriewinkel β.

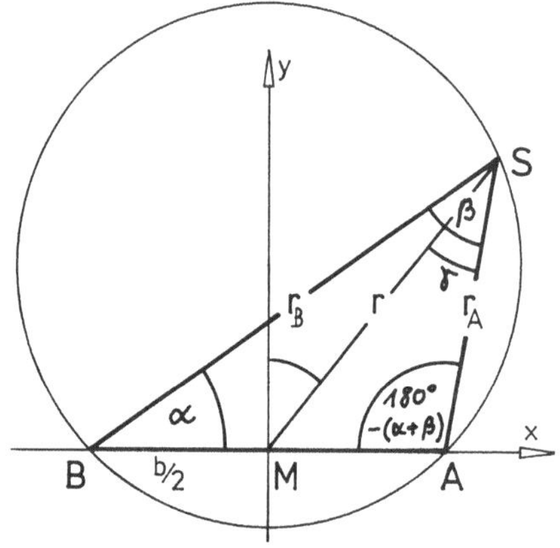

Um dies einzusehen, sei ein rechtwinklig-cartesisches x,y-Koordinatensystem gewählt. Die Basis AB liege in der x-Achse, die Mittelsenkrechte auf der Basis in der y-Achse. $\vec{r}_B$ liege in der Geraden.

$$y = (x+\tfrac{b}{2})\tan\alpha,$$

$\vec{r}_A$ liegt dann in der Geraden

$$y = (x-\tfrac{b}{2})\tan(\alpha+\beta).$$

Durch Elimination von α folgt

$$x^2 + (y - \frac{b}{2}\cot\beta)^2 = (\frac{b}{2\sin\beta})^2 ,$$

die Gleichung eines Kreises.

Alle Punkte auf diesem Kreis werden bei vorgegebenem $\delta\Delta t$ den gleichen Fehler p haben.

r sei der Abstand der Schallquelle S vom Basismittelpunkt M.

Dann gilt gemäß Skizze nach dem Sinussatz

$$\frac{2 \sin \gamma}{b} = \frac{\sin(90^{\circ}-A)}{r_A}$$

Für große Entfernung der Schallquelle, also für

$$r >> b,$$

folgt ungefähr

$$A = A_{\infty}, \quad r_A = r, \quad \gamma = \beta/2$$

und damit

$$\sin(\beta/2) = \frac{b \cos A_{\infty}}{2r}$$

und aus der Hyperbelverschiebungsformel

$$b = \frac{cr}{p \cos A_{\infty}} \delta\Delta t,$$

woraus sich bei vorgegebenen Fehlern p und $\delta\Delta t$, sowie vorgebener Aufklärungstiefe, charakterisiert durch r und A_{∞}, die notwendige Mindestlänge der Basis AB als b ergibt.

Z.B. ergibt sich für $\delta\Delta t = 0{,}01$ sec., $p = \frac{r}{\cos A_{\infty}} \cdot 0{,}001$ $c = \frac{1000}{3}$ m/sec. als Mindestlänge der Basis 3333^{∞}m.

2.6.4. Der 2. Satz von Kammüller

Der 2. Satz von Kammüller [9] gibt an, um wieviel die Hyperbeln, auf denen die Schallquelle liegt, an der Stelle der Schallquelle parallel zu sich selbst verschoben werden, wenn drei Meßstellen verwendet werden, und die Schallaufzeitdifferenzen sich um $\delta\Delta t$, mithin die Schallaufwegdifferenzen sich um $\delta r = c\delta\Delta t$, ändern.

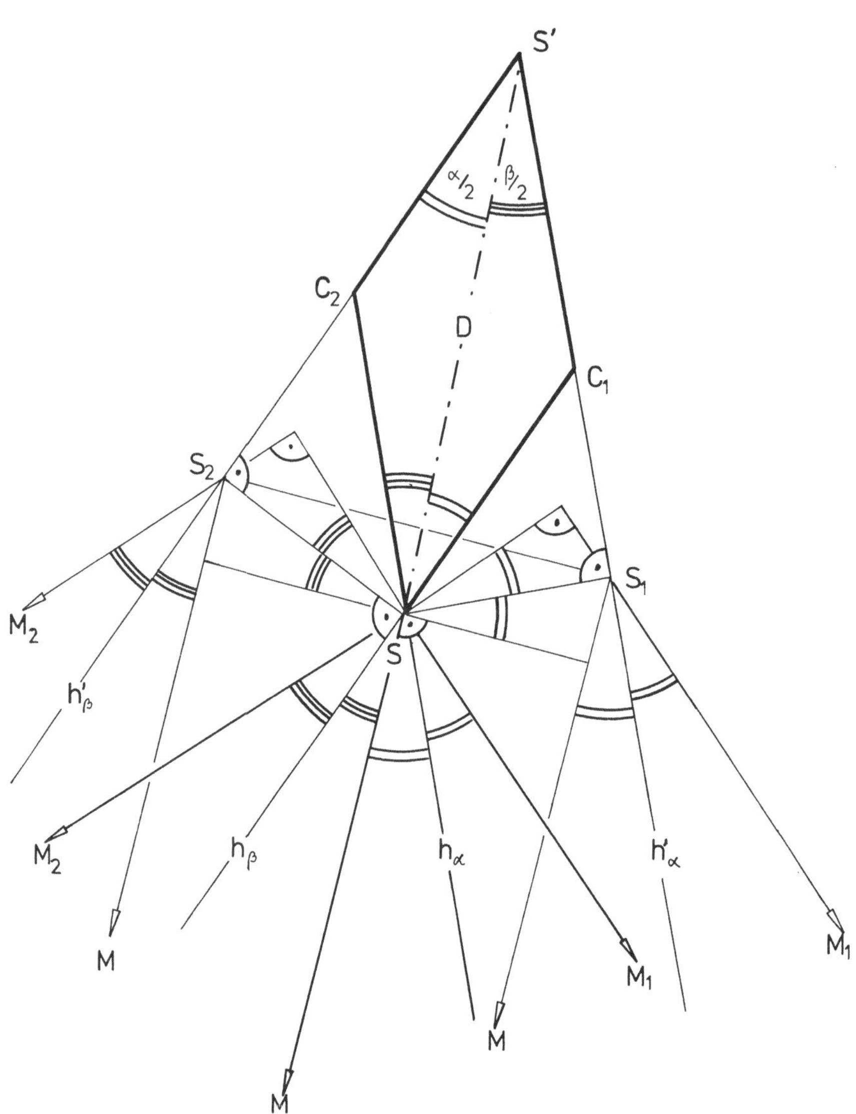
S'
α/2
β/2
C2
D
C1
S2
S1
S
M2
h'β
M2
M
hβ
hα
h'α
M
M1
M1
M

Es wird die skizzierte Schallmeßanlage mit drei Meßstellen M_2 , M, M_1 und der Schallquelle S betrachtet. Im Punkt S bildet die Hyperbel für die Basis M_1M mit den Brennstrahlen von M_1 und M aus den Winkel $\frac{\alpha}{2}$. Ebenso bildet im Punkt S die Hyperbel für die Basis M_2M mit den Brennstrahlen von M_2 und M den Winkel $\frac{\beta}{2}$. Die Schallaufwegdifferenz für die Basis M_1M sei r_1 , für die Basis M_2M r_2 . Beide Schallaufwege mögen sich um δr ändern. Dann ist von der Basis M_1M aus zu einer Hyperbel mit der reellen Hyperbelachse $r_1 + \delta r$, von der Basis M_2M aus zu einer Hyperbel mit der reellen Hyperbelachse $r_2 + \delta r$, überzugehen. Diese neuen Hyperbeln bilden mit den alten Hyperbeln zusammen als Schnittfigur annähernd ein Parallelogramm, dessen Eckpunkte in der Skizze mit S, C_1 , S', C_2 bezeichnet sind.

Werden M_1 und M_2 als die beiden Meßstellen einer Basis aufgefaßt, so ergeben sich für diese Basis als Schallaufwegdifferenzen vor und nach der Änderung der Schallaufzeitdifferenz um $\delta\Delta t$:

$$SM_1-SM_2 = (SM_1-SM) - (SM_2-SM) = r_1 - r_2 ,$$

$$S'M_1-S'M_2 = (S'M_1-S'M) - (S'M_2-S'M) = (r_1+\delta r) - (r_2+\delta r) = r_1 - r_2 .$$

Für die Basis M_1M_2 ändert sich also die Hyperbel in 1. Näherung nicht. Mithin liegt SS' auf einer Tangente und halbiert deshalb den Winkel $\sphericalangle M_1SM_2 = \alpha + \beta$. Aus der Skizze folgt dann, daß die Diagonale SS' mit den Seiten des Parallelogramms $SC_1S'C_2$, also mit den Tangenten der Hyperbeln zu S und S' für die Basen M_1M und M_2M die Winkel $\frac{\alpha}{2}$ und $\frac{\beta}{2}$ einschließt. Für die Dreiecke SS_1S' und SS_2S' gilt dann mit dem 1. Satz von Kammüller:

$$D = \frac{c\ \delta\Delta t}{2 \sin\frac{\alpha}{2} \sin\frac{\beta}{2}} :$$

Das ist der 2. Satz von Kammüller. D bedeutet hier den Längsfehler l.

Dieser Satz setzt gleiches Vorzeichen für $\delta\Delta t$ bei beiden Meßbasen voraus. Ist dies nicht gegeben, so zeigt die folgende Skizze, daß dann beide Hyperbeln nach der gleichen Seite von MS verschoben werden und für den 2. Satz von Kammüller die gleiche Formulierung erhalten wird, jedoch bedeutet D dann den Querfehler q.

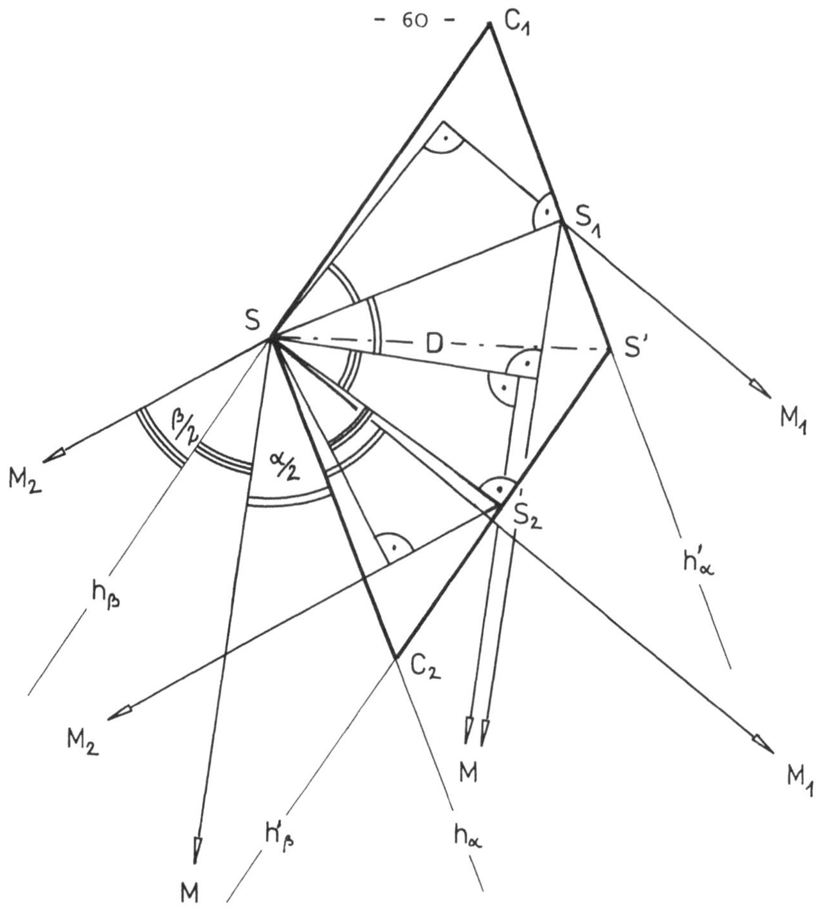

2.6.5. Beobachtungstiefe einer Schallmeßanlage

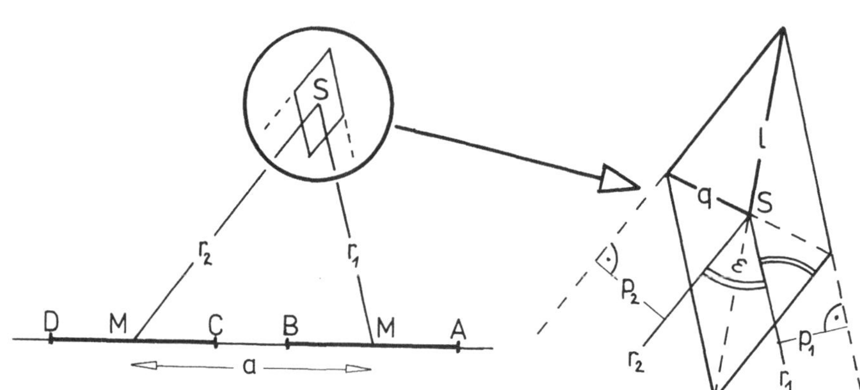

Zur Abschätzung der Beobachtungstiefe einer Schallmeßanlage wird die skizzierte einfache Schallmeßanlage betrachtet. Sie besteht aus den beiden Basen DC und BA, beide der Länge b, die in einer Geraden liegen und deren Mittelpunkte M_2 und M_1 den Abstand a voneinander haben. Die Schallquelle S sei von M_2 um r_2, von M_1 um r_1 entfernt. Die Basis DC habe die Laufzeitdifferenz Δt_2 mit dem Fehler $\delta\Delta t_2$, die Basis BA die Laufzeitdifferenz Δt_1 mit dem Fehler $\delta\Delta t_1$ ermittelt. Nach der Driencourtschen Formel werden die entsprechenden Hyperbeln um p_2 bzw. p_1 verschoben. Für

$$r \gg a, \qquad r \gg b$$

entsteht ein Fehlerparallelogramm mit Seiten parallel zu den Schallortsvektoren r_2 und r_1.

Die halben Längen der Diagonalen dieses Fehlerparallelogrammes geben die Beobachtungsfehler an, und zwar ist die halbe Länge der Diagonale in Beobachtungsrichtung der Längsfehler l und die halbe Länge der Diagonale quer zur Beobachtungsrichtung der Querfehler q.

Aus der Skizze folgen

$$\begin{aligned} p_1 &= l \sin \varepsilon_1, \\ p_2 &= l \sin \varepsilon_2, \\ \varepsilon_1 + \varepsilon_2 &= \varepsilon \end{aligned}$$

und daraus (Cosinussatz):

$$\begin{aligned} p_1^2+p_2^2+2p_1p_2\cos\varepsilon &= l^2(\sin^2\varepsilon_1+\sin^2\varepsilon_2+2\sin\varepsilon_1\cos\varepsilon_1\sin\varepsilon_2\cos\varepsilon_2 - \\ &\quad - 2\sin^2\varepsilon_1\sin^2\varepsilon_2) = \\ &= l^2[\sin^2\varepsilon_1(1-\sin^2\varepsilon_2)+2\sin\varepsilon_1\cos\varepsilon_1\sin\varepsilon_2\cos\varepsilon_2 + \\ &\quad + \sin^2\varepsilon_2(1-\sin^2\varepsilon_1)] = \\ &= l^2(\sin\varepsilon_1\cos\varepsilon_2 + \sin\varepsilon_2\cos\varepsilon_1)^2 = \\ &= l^2\sin^2(\varepsilon_1+\varepsilon_2) \\ &= l^2\sin^2\varepsilon, \end{aligned}$$

$$l^2 = \frac{p_1^2+p_2^2+2p_1p_2\cos\varepsilon}{\sin^2\varepsilon}$$

Entsprechend folgen aus der Skizze

$$p_1 = q \sin \alpha_1 ,$$
$$p_2 = q \sin \alpha_2 ,$$
$$\alpha_1 + \alpha_2 = 180^o - \varepsilon$$

und damit

$$q^2 = \frac{p_1^2+p_2^2-2p_1p_2\cos \varepsilon}{\sin^2\varepsilon} .$$

$\sin \varepsilon$ ist umso kleiner, und damit Längsfehler l und Querfehler q umso größer, je schleifender der Schnitt der Geraden durch die Schallortsvektoren $\vec{r}_1$ und $\vec{r}_2$ ist. Der kleinste Fehler wird bei rechtwinkligem Schnitt erhalten. Es ist dann

$$l_{min} = q_{min} = \sqrt{p_1^2 + p_2^2} .$$

Wie im Abschnitt 2.6.3. ausgeführt, ergibt sich bei vorgegebener Genauigkeit p und vorgegebener Basis b der am weitesten von der Basis entfernte Punkt des geometrischen Ortes der Punkte gleicher Genauigkeit p auf der Mittelsenkrechten der Basis.

Beide Ergebnisse, nämlich größte Genauigkeit bei senkrechtem Schnitt der Geraden durch die Schallortsvektoren und bei Übereinstimmung dieser Geraden mit den Mittelsenkrechten auf den Basen, lassen ein kreisbogenförmiges Umschließen des Beobachtungsgebietes durch die Meßbasen erstrebenswert erscheinen.

Um abzuschätzen, welche Beobachtungstiefe R erreichbar ist, sei jetzt angenommen, daß S auf der Mittelsenkrechten der zu Beginn dieses Abschnittes skizzierten Meßanordnung liegt, woraus

$$r_1 = r_2 = r$$

folgt, und daß r so groß ist, daß

$$\cos A_{\infty 1} = 1, \cos A_{\infty 2} = 1$$

$$\sin \varepsilon = \frac{a}{r} , \cos \varepsilon = 1$$

gesetzt werden kann. Dann gelten nach 2.6.3. für p_1 und p_2

$$p_1 = \frac{cr}{b}\,\delta\Delta t_1 ,$$

$$p_2 = \frac{cr}{b}\,\delta\Delta t_2 ,$$

und daraus folgen

$$l = \frac{cr^2}{ab}\,(\delta\Delta t_1+\delta\Delta t_2) ,$$

$$q = \frac{cr^2}{ab}\,|\delta\Delta t_1-\delta\Delta t_2| .$$

Der Längsfehler l ist also dem Betrag nach größer als der Querfehler q. Wird für den relativen Längsfehler $l_r = \frac{l}{r}$ eine Schranke vorgegeben, so folgt als Schranke für $r(l_r) = R$ die Beobachtungstiefe zu

$$R = \frac{ab}{c}\,\frac{l_r}{\delta\Delta t_1+\delta\Delta t_2} .$$

Aus praktischen Gründen wird die Gesamtlänge a + b der skizzierten Meßanordnung vorgegeben sein. Dann nimmt R sein Maximum an für

$$a = b ,$$

d.h. wenn C und B zusammenfallen.

2.6.6. Der mittlere Fehler der Beobachtungen

Die Ermittlung der Schallaufzeitdifferenz Δt aus dem Meßfilm kann in zweierlei Weise erfolgen. Es kann nämlich die Zeitdifferenz ω_i , mit dem mittleren Fehler m_ω , zwischen einem charakteristischen Punkt t_i des einen Knallbildes und einer beliebig angenommenen Marke t^* auf dem Film und die Zeitdifferenz ω_j zwischen dem entsprechenden, d.h. homologen Punkt t_j des anderen Knallbildes und der gleichen Marke t^* auf dem Film abgelesen und daraus Δt als

$$\Delta t = \omega_i - \omega_j$$

bestimmt werden. Dies sei im folgenden als relative oder mittelbare Zeitmessung bezeichnet. Es kann aber auch Δt sofort als Differenz τ mit dem mittleren Fehler m_τ homologer Punkte beider Knallbilder abgelesen werden. Dies sei im folgenden als absolute oder unmittelbare Zeitmessung bezeichnet.

Das Aufsuchen homologer Punkte kann nach E. Wildhagen [8] durch das Verschieben des einen Knallbildes bis zur bestmöglichen Deckung mit dem anderen Knallbild ersetzt werden, was besonders bei unterschiedlichen Knallbildern die Sicherheit der Ablesung erhöht.

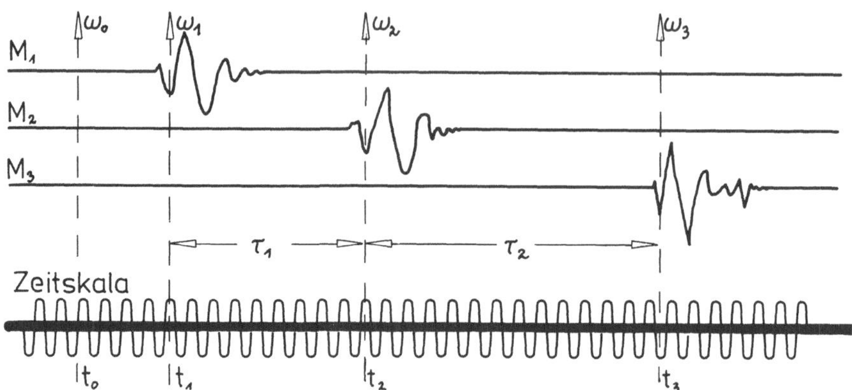

Wird der Fehler der Bestimmung der Schallgeschwindigkeit c vernachlässigt, dann gilt für den mittleren Fehler $m_{r\tau}$ der aus Δt nach $c\Delta t$ folgenden Wegdifferenz r bei unmittelbarer Zeitmessung

$$m_{r\tau} = c\ m_{\tau}\ ,$$

bei mittelbarer Zeitmessung

$$m_{r\omega} = c\ m_{\omega}\ .$$

Aus

$$\tau = \omega_i - \omega_j$$

folgt bei Anwendbarkeit des Fehlerfortpflanzungsgesetzes:

$$m_{\tau}^2 = 2\ m_{\omega}^2$$

und damit

$$m_{r\tau}^2 = c^2\ m_{\tau}^2 = 2\ c^2\ m_{\omega}^2 = 2\ m_{r\omega}^2$$

also $$m_{r\tau}^2 = 2\ m_{r\omega}^2$$

2.6.7. Der mittlere Punktfehler bei unmittelbaren Zeitmessungen und drei Meßstellen.

Die mittleren Fehler m_1 und m_2 ergeben sich aus den einzelnen Fehlern δr_1 und δr_2 durch Mittelung über n Messungen nach

$$m_i^2 = \frac{1}{n} \sum_{j=1}^{n} (\delta r_i)_j^2 , \qquad i = 1,2.$$

Für $\sum_{j=1}^{n} (\delta r_i)_j^2$ wird im folgenden kurz $|\delta r_i^2|$ geschrieben.

Ist nun

$$\delta r_1 \neq \delta r_2 ,$$

so sind, im Gegensatz zu den beiden Skizzen des Abschnittes 2.6.4.,

$$\sphericalangle\, S'SC_1 \neq \sphericalangle\, SS'C_2 = \frac{\alpha}{2} ,$$

$$\sphericalangle\, C_2SS' = \sphericalangle\, C_1S'S \neq \frac{\beta}{2}$$

anzunehmen. Die Skizzen können aber mit dieser Vorsichtsmaßnahme weiter herangezogen werden. Es wird an Hand dieser Skizzen der Winkel λ als $\sphericalangle\, C_1SC_2$ eingeführt. Dann folgt mit einer Herleitung wie in Abschnitt 2.6.4.

$$D^2 = \frac{SC_1^2 + SC_2^2 - 2\, SC_1\, SC_2 \cos\lambda}{\sin^2\lambda} .$$

Nach dem 1. Satz von Kammüller sind

$$SC_1 = \frac{\delta r_1}{2 \sin\frac{\alpha}{2}} ,$$

$$SC_2 = \frac{\delta r_2}{2 \sin\frac{\beta}{2}} .$$

Damit folgen

$$D^2 = \frac{1}{4 \sin^2\frac{\alpha}{2} \sin^2\lambda} (\delta r_1)^2 + \frac{1}{4 \sin^2\frac{\beta}{2} \sin^2\lambda} (\delta r_2)^2$$

$$- 2 \frac{\cos\lambda}{4 \sin\frac{\alpha}{2} \sin\frac{\beta}{2} \sin^2\lambda} |\delta r_1| |\delta r_2| .$$

Aus den beiden Skizzen des Abschnittes 2.6.4. folgt

$$\lambda = \pi - \left(\frac{\alpha}{2} + \frac{\beta}{2}\right)$$

falls

$$\operatorname{sign} \delta r_1 = \operatorname{sign} \delta r_2$$

und

$$\lambda = \frac{\alpha}{2} + \frac{\beta}{2}$$

falls

$$\operatorname{sign} \delta r_1 = - \operatorname{sign} \delta r_2 .$$

In beiden Fällen folgt durch Elimination von λ aus der Beziehung für D

$$D^2 = \frac{1}{4 \sin^2 \frac{\alpha}{2} \sin^2 \frac{\alpha+\beta}{2}} (\delta r_1)^2 + \frac{1}{4 \sin^2 \frac{\beta}{2} \sin^2 \frac{\alpha+\beta}{2}} (\delta r_2)^2 + 2 \frac{\cos^2 \frac{\alpha+\beta}{2}}{4 \sin \frac{\alpha}{2} \sin \frac{\beta}{2} \sin^2 \frac{\alpha+\beta}{2}}$$

Mit

$$m_1^2 = m_2^2 = m_{r\tau}^2$$

folgt daraus für den mittleren Punktfehler $m_{S\tau}$ von S bei unmittelbaren Zeitmessungen und drei Meßstellen

$$m_{S\tau}^2 = \frac{\sin^2 \frac{\alpha}{2} + \sin^2 \frac{\beta}{2}}{4 \sin^2 \frac{\alpha}{2} \sin^2 \frac{\beta}{2} \sin^2 \frac{\alpha+\beta}{2}} m_{r\tau}^2 .$$

Eine genauere Betrachtung wird berücksichtigen, daß SF_M und SF_1 Kreisbögen sind. Dann sind

$$\sphericalangle\, C_1 S F_M = \frac{\alpha}{2} - \frac{\varepsilon_M}{2},$$

$$\sphericalangle\, F_1 S C_1 = \frac{\alpha}{2} + \frac{\varepsilon_1}{2},$$

wobei ε_M bzw. ε_1 die Winkel zwischen den Schallstrahlen s_M und s_M' bzw. s_1 und s_1' sind. Entsprechendes gilt für ε_2.
Damit folgt für $m_{S\tau}$:

$$m_{S\tau}^2 = \frac{1}{\sin^2 \frac{\alpha+\beta}{2}} \left[\frac{\cos^2 \frac{\varepsilon_1}{2} \cos^2 \frac{\varepsilon_M}{2}}{(\sin \frac{\alpha+\varepsilon_1}{2} \cos \frac{\varepsilon_M}{2} + \sin \frac{\alpha-\varepsilon_M}{2} \cos \frac{\varepsilon_1}{2})^2} + \frac{\cos^2 \frac{\varepsilon_2}{2} \cos^2 \frac{\varepsilon_M}{2}}{(\sin \frac{\beta+\varepsilon_2}{2} \cos \frac{\varepsilon_M}{2} + \sin \frac{\beta-\varepsilon_M}{2} \cos \frac{\varepsilon_2}{2})^2} \right] m_{r\tau}^2$$

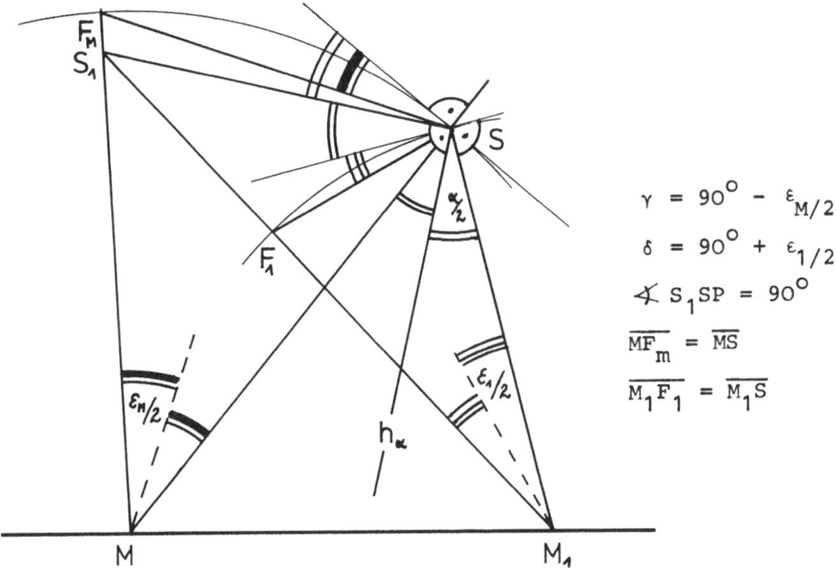

Ein Vergleich mit der vorher erhaltenen einfacheren aber ungenaueren Formel zeigt, daß die genauere Formel nur dann verwendet werden muß, wenn die Winkel ε_1 , ε_2 und ε_M nicht vernachlässigt werden können, was der Fall ist, wenn die Schallquelle S in der Nähe der Mikrophone M_1 , M und M_2 liegt, oder wenn α oder β nahezu verschwinden, was der Fall ist, wenn die Schallquelle in der Nähe der Verlängerung einer Basis liegt.

2.6.8. Der mittlere Punktfehler bei mittelbarer Zeitmessung und drei Meßstellen.

Bei mittelbarer Zeitmessung ergibt sich die Schallaufzeitdifferenz Δt als Differenz zweier Zeitmessungen, ω_i und ω_j , und dementsprechend ergibt sich die Veränderung $\delta\Delta t$ der Schallaufzeitdifferenz als Differenz der Veränderungen $\delta\omega_i$, bzw. $\delta\omega_j$ der Schallaufzeit zum i-ten bzw. j-ten Mikrophon. Entsprechend sind

$$\delta r_1 = \delta r_{M_1} \pm \delta r_M ,$$

$$\delta r_2 = \delta r_{M_2} \pm \delta r_M .$$

Diese Beziehungen in die im vorigen Abschnitt gefundene Gleichung für D^2 eingesetzt, ergeben nach einigen Umformungen

$$D^2 = \frac{(\delta r_{M_2}^2 \pm 2\delta r_{M_2}\delta r_M + \delta r_M^2)\sin^2\frac{\alpha}{2} + (\delta r_{M_1}^2 \pm 2\delta r_{M_1}\delta r_M + \delta r_M^2)\sin^2\frac{\beta}{2}}{4\sin^2\frac{\alpha}{2}\sin^2\frac{\beta}{2}\sin^2\frac{\alpha+\beta}{2}} +$$

$$+ \frac{(\delta r_{M_1}\delta r_{M_2} \pm \delta r_{M_1}\delta r_M \pm \delta r_{M_2}\delta r_M + \delta r_M^2)\sin\frac{\alpha}{2}\sin\frac{\beta}{2}\cos\frac{\alpha+\beta}{2}}{4\sin^2\frac{\alpha}{2}\sin^2\frac{\beta}{2}\sin^2\frac{\alpha+\beta}{2}}.$$

Mit

$$m_1^2 = \frac{1}{n}\left[\delta r_{M_1}^2\right],$$

$$m_2^2 = \frac{1}{n}\left[\delta r_{M_2}^2\right],$$

$$m_M^2 = \frac{1}{n}\left[\delta r_M^2\right],$$

$$m_{S\omega}^2 = \frac{1}{n}\left[D^2\right]$$

und, zur Abkürzung,

$$N = 4\sin^2\frac{\alpha}{2}\sin^2\frac{\beta}{2}\sin^2\frac{\alpha+\beta}{2},$$

folgt

$$m_{S\omega}^2 = \frac{\sin^2\frac{\alpha}{2}}{N} m_2^2 + \frac{\sin^2\frac{\beta}{2}}{N} m_1^2 + \frac{\sin^2\frac{\alpha}{2} + \sin^2\frac{\beta}{2} + 2\sin\frac{\alpha}{2}\sin\frac{\beta}{2}\cos\frac{\alpha+\beta}{2}}{N} m_M^2$$

und für

$$m_1^2 = m_2^2 = m_M^2 = m_{r\omega}^2$$

folgt daraus unter Berücksichtigung von

$$\sin^2\frac{\alpha}{2} + \sin^2\frac{\beta}{2} + 2\sin\frac{\alpha}{2}\sin\frac{\beta}{2}\cos\frac{\alpha+\beta}{2} = \sin^2\frac{\alpha+\beta}{2}$$

für den mittleren Punktfehler bei mittelbarer Zeitmessung

$$m_{S\omega}^2 = \frac{\sin^2\frac{\alpha}{2} + \sin^2\frac{\beta}{2} + \sin^2\frac{\alpha+\beta}{2}}{4\sin^2\frac{\alpha}{2}\sin^2\frac{\beta}{2}\sin^2\frac{\alpha+\beta}{2}} m_{r\omega}^2.$$

Eine genauere Betrachtung ergibt jedoch folgende Formel:

$$m_{S\omega}^2 = \frac{2}{\sin^2 \frac{\alpha+\beta}{2}} \left[\frac{\cos^2 \frac{\varepsilon_1}{2} \cos^2 \frac{\varepsilon_M}{2}}{(\sin \frac{\alpha+\varepsilon_1}{2} \cos \frac{\varepsilon_M}{2} + \sin \frac{\alpha-\varepsilon_M}{2} \cos \frac{\varepsilon_1}{2})^2} + \right.$$

$$+ \frac{\cos^2 \frac{\varepsilon_2}{2} \cos^2 \frac{\varepsilon_M}{2}}{(\sin \frac{\beta+\varepsilon_2}{2} \cos \frac{\varepsilon_M}{2} + \sin \frac{\beta-\varepsilon_M}{2} \cos \frac{\varepsilon_2}{2})^2} +$$

$$\left. + \frac{\cos \frac{\varepsilon_1}{2} \cos \frac{\varepsilon_2}{2} \cos^2 \frac{\varepsilon_M}{2} \cos \frac{\alpha+\beta}{2}}{(\sin \frac{\alpha+\varepsilon_1}{2} \cos \frac{\varepsilon_M}{2} + \sin \frac{\alpha-\varepsilon_M}{2} \cos \frac{\varepsilon_1}{2})(\sin \frac{\beta+\varepsilon_2}{2} \cos \frac{\varepsilon_M}{2} + \sin \frac{\beta-\varepsilon_M}{2} \cos \frac{\varepsilon_2}{2})} \right] m_{r\omega}^2$$

2.6.9. Diskussion und Vergleich der mittleren Punktfehler bei unmittelbarer und bei mittelbarer Zeitmessung

Ein Kreis um die Schallquelle S als Mittelpunkt mit Radius 1 schneidet die Schallstrecken SM_1 , SM, SM_2 in M_1' , M', M_2' . Werden diese Punkte untereinander verbunden, so entsteht ein Dreieck $\Delta M_1'M'M_2'$.

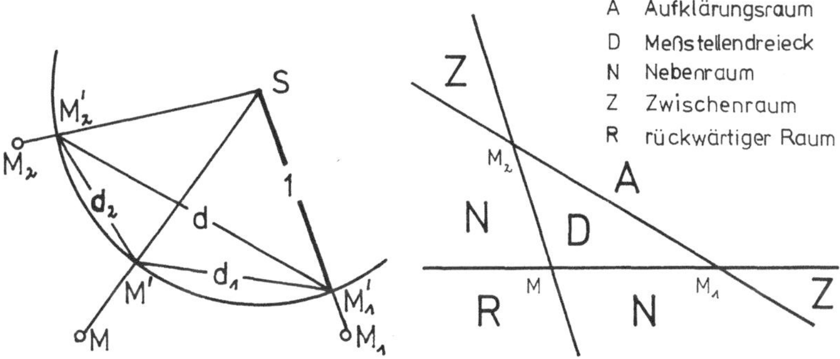

Für den Flächeninhalt F dieses Dreieckes gilt

$$4\,F^2 = 16 \sin^2 \frac{\alpha}{2} \sin^2 \frac{\beta}{2} \sin^2 \frac{\alpha+\beta}{2} ,$$

für die Quadratsumme der Seiten d_1 und d_2

$$d_1^2 + d_2^2 = 4(\sin^2 \frac{\alpha}{2} + \sin^2 \frac{\beta}{2})$$

und für die Quadratsumme aller drei Seiten

$$d_1^2 + d_2^2 + d^2 = 4(\sin^2 \frac{\alpha}{2} + \sin^2 \frac{\beta}{2} + \sin^2 \frac{\alpha+\beta}{2}).$$

Damit werden die beiden einfacheren Formeln für den mittleren Punktfehler zu

$$m_{S\tau}^2 = \frac{d_1^2 + d_2^2}{4\ F^2}\ m_{r\tau}^2 ,$$

$$m_{S\omega}^2 = \frac{d_1^2 + d_2^2 + d^2}{4\ F^2}\ m_{r\omega}^2 .$$

Die Größe des mittleren Punktfehlers hängt also nicht davon ab, wo die Mikrophone M_1 , M und M_2 auf den Schallstrecken liegen, sondern nur von den Parallaxen α und β, unter denen die Meßbasen von S aus erscheinen. Bei beiden Arten von Zeitmessungen ist zur Fehlerminimierung die Zusammenfassung von Mikrophonen zu Basen so vorzunehmen, daß die Parallaxen möglichst klein sind. Die Meßbasen sollen sich also nicht überlappen.

Da

$$m_{r\tau}^2 = 2\ m_{r\omega}^2 ,$$

gilt, ist die unmittelbare Zeitmessung günstiger als die mittlere, d.h.

$$m_{S\tau}^2 < m_{S\omega}^2 ,$$

wenn

$$d_1^2 + d_2^2 < d^2 .$$

Dies ist der Fall, wenn der Winkel, den d_1 und d_2 bilden, stumpf ist. Das tritt nur im Aufklärungsraum und im rückwärtigen Raum auf. Ist der Winkel spitz, dann ist

$$d_1^2 + d_2^2 > d^2 ,$$

und die mittelbare Zeitmessung günstiger als die mittelbare. Das tritt im Meßstellendreieck M_1MM_2 und in den Zwischen- und Nebenräumen auf.

Auf den Grenzen zwischen den einzelnen Feldteilen sind die einfachen Formeln nicht zulässig, da diese Grenzen aus den möglichen Basen und deren Verlängerungen gebildet werden.

2.6.10. Die Kurven gleichen mittleren Punktfehlers.

Die Winkel ε_1, ε_2 und ε_M, die für die genaueren Formeln für die mittleren Punktfehler benötigt werden, sind ohne Kenntnis der wahren Fehler der Schallwegdifferenzen nicht bestimmbar. Deshalb muß eine Untersuchung der Kurven gleicher mittlerer Punktfehler auf die Verwendung der genaueren Formeln verzichten und sich mit den einfacheren Formeln begnügen, die lediglich die Kenntnis der Parallaxen α und β erfordern, die durch die Lage der Schallquelle relativ zu den Basen gegeben sind.

Um die Kurven gleichen mittleren Punktfehlers bei unmittelbarer und bei mittelbarer Zeitmessung miteinander vergleichen zu können, sei entsprechend der Ergebnisse in Abschnitt 2.6.6.

$$m_{r\omega}^2 = \frac{m_{r\tau}^2}{2} = m^2$$

gesetzt.

Es zeigt sich, daß das Quadrat des mittleren Punktfehlers bei unmittelbarer Zeitmessung, $m_{S\tau}^2$, für

$$\cos\alpha = \cos\beta = -\frac{1}{3}$$

sein absolutes Minimum, nämlich

$$m_{S\tau}^2 = \frac{27}{32}\, m^2$$

annehmen kann.

Das Quadrat $m_{S\omega}^2$ des mittleren Punktfehlers bei mittelbarer Zeitmessung kann für

$$\cos\alpha = \cos\beta = -\frac{1}{2}$$

sein absolutes Minimum annehmen, nämlich

$$m_{S\omega}^2 = \frac{2}{3}\, m^2 .$$

Diese beiden ausgezeichneten Punkte liegen, sofern sie überhaupt auftreten, im Meßstellendreieck.

Der Kreis, auf dem die drei Meßstellen liegen, heißt Meßstellenkreis. Auf ihm ist der mittlere Punktfehler in jedem der einzelnen Gebiete für sich konstant, also im Aufklärungsraum und in den Nebenräumen.

Schallquellen auf der Verlängerung der Hauptbasis M_1M_2 sind nicht zu orten, da hier die Tangenten an die Hyperbeln der Basen M_1M_o und M_2M_o zusammenfallen und deshalb keinen S bestimmenden Schnittpunkt liefern.

Auf den Verlängerungen der Basen M_1M_o und M_2M_o kommt es zu Schnittpunkten der Hyperbeltangenten. Die einfachen Formeln für den mittleren Punktfehler würden

$$m_{S\tau}^2 \to \infty , \quad m_{S\omega}^2 \to \infty$$

liefern, aber die einfachen Formeln sind hier nicht mehr gültig.

Auf der Hauptbasis M_1M_2 und auf den Basen M_1M und M_2M lassen sich die mittleren Punktfehler bestimmen. Auf der Hauptbasis gilt überall

$$m_S^2 = m_S^2 = m^2 .$$

Sind die Basen M_1M und M_2M, so haben die Kurven gleichen mittleren Punktfehlers die Winkelhalbierende des Winkels M_1MM_2 zur Symmetrieachse.

Die Kurven sind im Endlichen geschlossen.

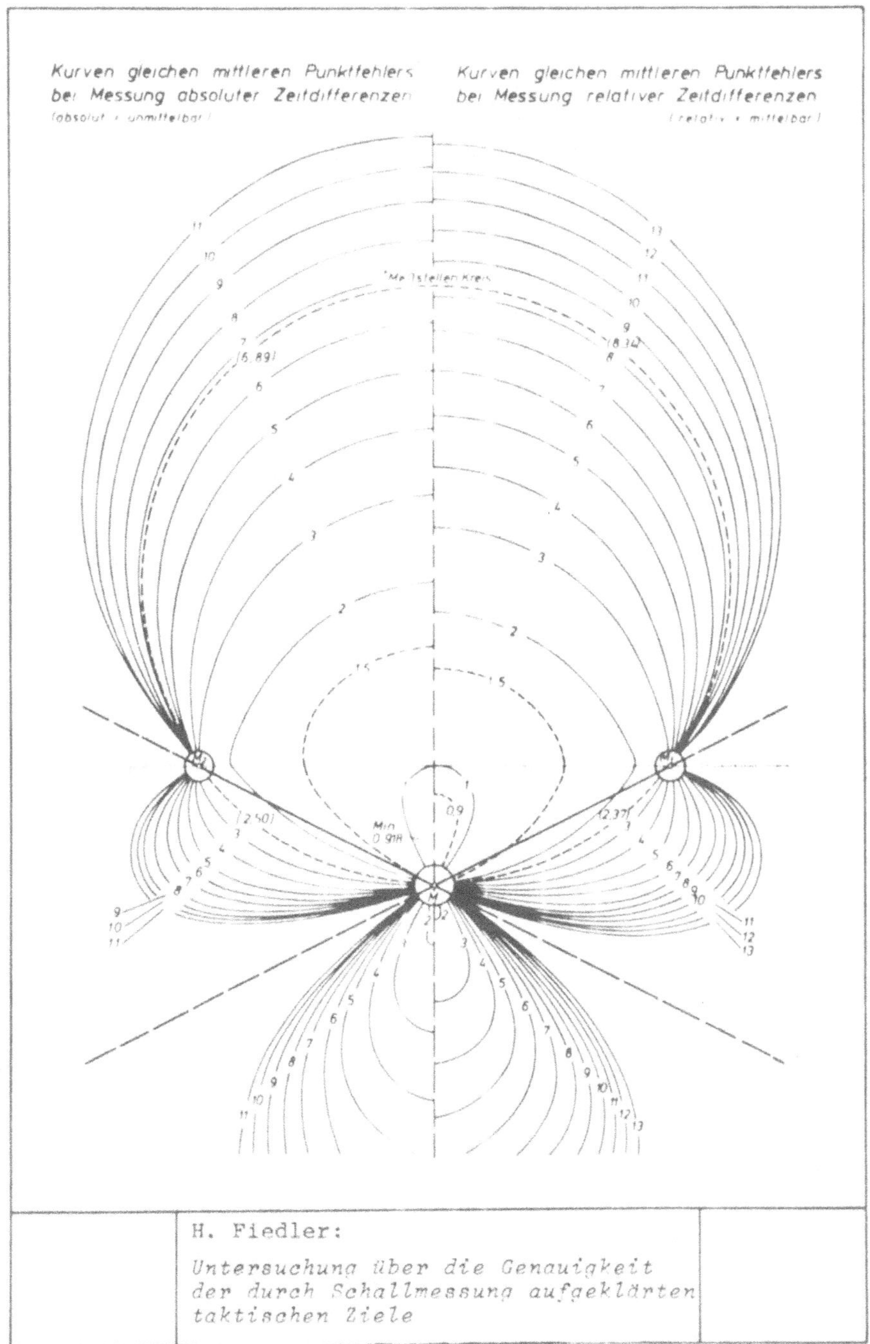
Kurven gleichen mittleren Punktfehlers
bei Messung absoluter Zeitdifferenzen
(absolut = unmittelbar)
Kurven gleichen mittleren Punktfehlers
bei Messung relativer Zeitdifferenzen
(relativ = mittelbar)
Min
0,918
H. Fiedler:
Untersuchung über die Genauigkeit
der durch Schallmessung aufgeklärten
taktischen Ziele

2.6.11. Mehr als drei Meßstellen

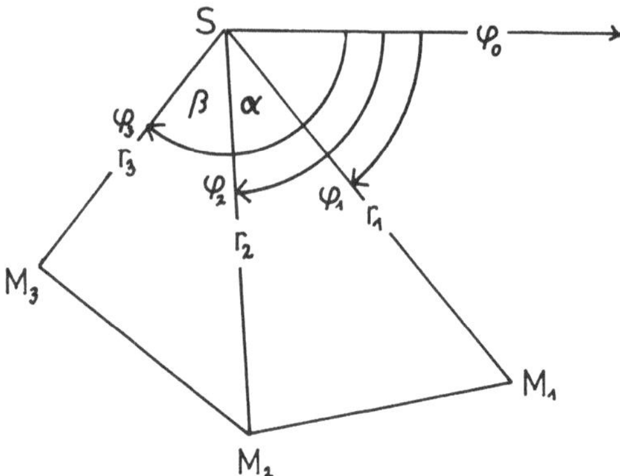

Mit den gemäß Skizze eingeführten n Richtungswinkeln ϕ_n werden die Normalgleichungskoeffizienten [aa], [bb] und [ab] gebildet und mit diesen die beiden Hilfsgrößen W und D. Nach H. Fiedler [9] sind die Normalgleichungskoeffizienten bei unmittelbaren Messungen gegeben durch

$$[aa] = \sum_{i=1}^{n} \cos^2 \phi_i ,$$

$$[bb] = \sum_{i=1}^{n} \sin^2 \phi_i ,$$

$$[ab] = \sum_{i=1}^{n} \cos \phi_i \sin \phi_i$$

und bei mittelbaren Messungen durch

$$[aa] = \sum_{i=1}^{n} \cos^2 \phi_i - \frac{1}{n}\left(\sum_{i=1}^{n} \cos \phi_i\right)^2$$

$$[bb] = \sum_{i=1}^{n} \sin^2 \phi_i - \frac{1}{n}\left(\sum_{i=1}^{n} \sin \phi_i\right)^2$$

$$[ab] = \sum_{i=1}^{n} \cos \phi_i \sin \phi_i - \frac{1}{n}\left(\sum_{i=1}^{n} \cos \phi_i\right)\left(\sum_{i=1}^{n} \sin \phi_i\right).$$

Mit den Normalgleichungskoeffizienten und den Abkürzungen W und D, bestimmt durch

$$W = \sqrt{([aa] - [bb])^2 + 4[ab]^2},$$

$$D = [aa][bb] - [ab]^2 ,$$

und dem mittleren Fehler $\bar{m}$ einer Beobachtung können nach H. Fiedler [9] die Bestimmungsstücke der Fehlerellipsen, nämlich Länge A der großen Halbachse, Länge B der kleinen Halbachse und Neigungswinkel Θ der großen Achse gegen die Bezugsrichtung, aus

$$A^2 = \frac{[aa] + [bb] + W}{2\,D}\,\bar{m}^2,$$

$$B^2 = \frac{[aa] + [bb] - W}{2\,D}\,\bar{m}^2,$$

$$\tan 2\,\Theta = \frac{2\,[ab]}{[aa] - [bb]},$$

bestimmt werden.

Bei unmittelbaren Messungen ist

$$\bar{m} = c\,m_\tau$$

und bei mittelbaren Messungen ist

$$\bar{m} = c\,m_\omega .$$

Bei einem Vergleich der Fehlerellipsen für unmittelbare und für mittelbare Messungen sind die Beziehung

$$m_\tau^2 = 2\,m_\omega^2$$

und die verschiedene Bedeutung der Normalgleichungskoeffizienten zu beachten.

Als Beispiel für ein Schallmeßsystem sei ein solches mit vier Meßstellen betrachtet. Die vier Meßstellen mögen drei Basen von je 2 km Länge bilden, deren Mittelsenkrechten auf den Basen sich in einem Abstand von 10 km von den Basen schneiden. Es zeigt sich:

1.) Mit wachsender Entfernung von den Basen nimmt die Länge der großen Achse der Fehlerellipse stark zu, nicht jedoch die Länge der kleinen Achse. Dadurch fallen die Kurven, die die Mittelpunkte der Fehlerellipsen gleichlanger großer Achsen verbinden, praktisch zusammen mit den Kurven, die die Mittelpunkte der Fehlerellipsen gleichen Flächeninhaltes verbinden.

2.) Die Verlängerungen der großen Achsen der Fehlerellipsen schneiden im allgemeinen die mittlere Basis des Schallmeßsystems.

3.) Beim betrachteten System fallen die Fehlerellipsen für unmittelbare und für mittelbare Zeitmessungen praktisch zusammen. Dies ist im allgemeinen aber nicht so.

Für die Abgrenzung des mit einem vorgegebenen mittleren Fehler aufklärbaren Gebietes wird eine Schablone, der Meßstellenzeiger, verwendet, dessen übliche Form durch ein Dreieck in die Tiefe des Aufklärungsraumes abgeschlossen wird. Aus dem oben Gesagten folgt aber, daß der obere Rand des Meßstellenanzeigers sinnvoller durch eine Kurve gleichlanger großer Achsen der Fehlerellipse oder, praktisch gleich im Ergebnis, durch eine Kurve gleicher Flächeninhalte der Fehlerellipsen abzuschließen ist.

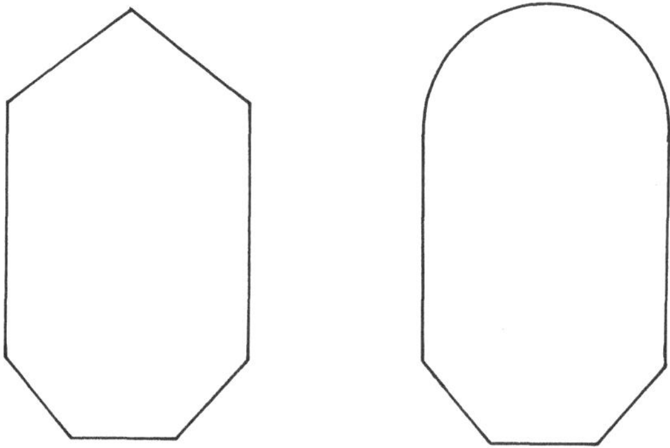

Eine zweite Folgerung betrifft die Anordnung von Schallmeßsystem und der eigenen, durch das Schallmeßsystem geführten schießenden Artillerie, zueinander. Bei der Fehlerellipse der Treffwahrscheinlichkeit der Artillerie (gegen feste Ziele) wird die Länge der großen Achse von der Längsstreuung und die Länge der kleinen Achse von der Seitenstreuung der Geschütze bestimmt. Die beste Wirkung wird dann erreicht, wenn die entsprechenden Achsen der Fehlerellipse der Schallmessung und der Fehlerellipse der Treffwahrscheinlichkeit sich decken. Um dies möglichst gut zu erreichen, sollte die schießende Artillerie hinter der mittleren Schallmeßbasis aufgestellt werden.

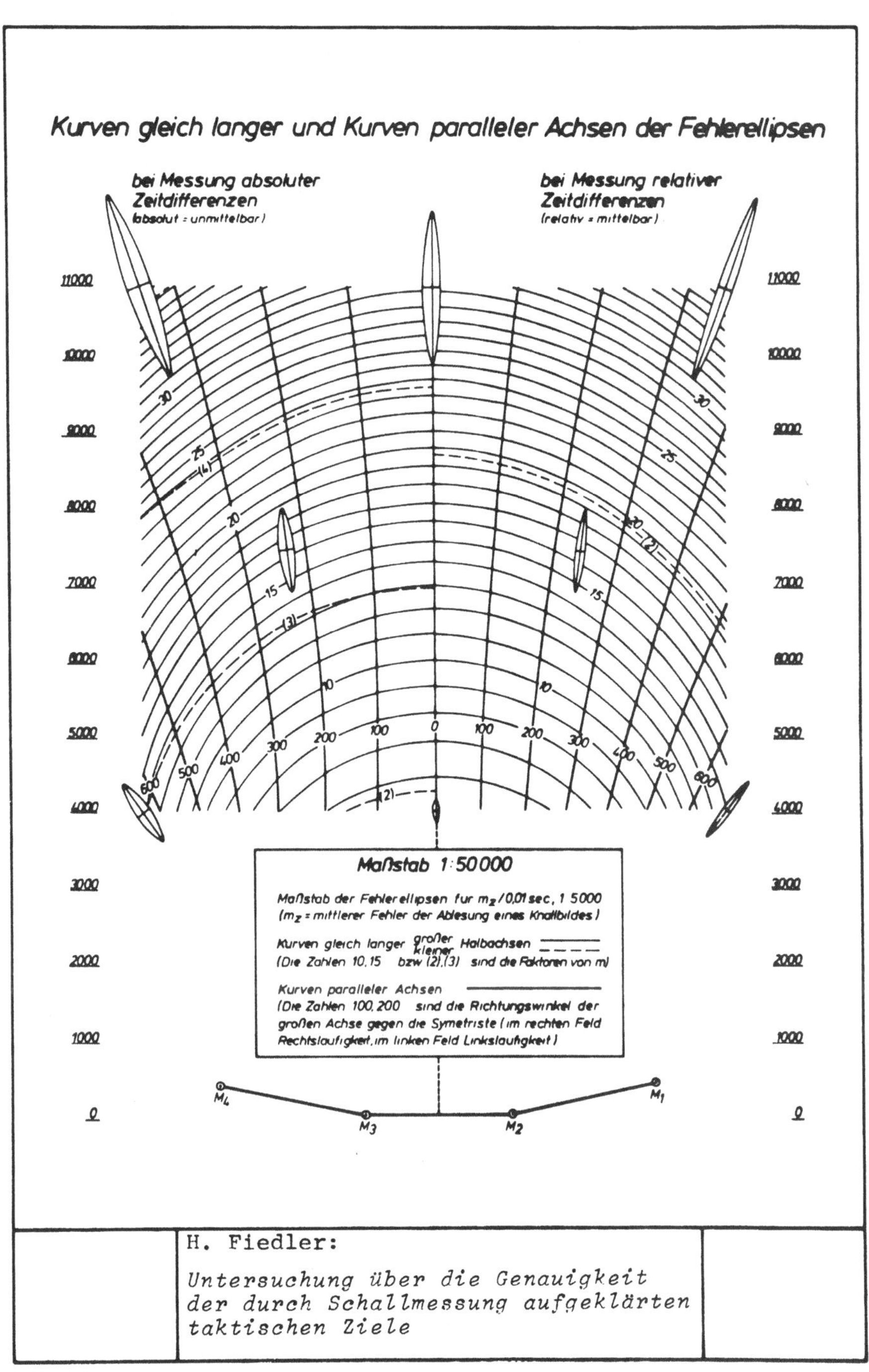
Kurven gleich langer und Kurven paralleler Achsen der Fehlerellipsen
bei Messung absoluter Zeitdifferenzen
(absolut = unmittelbar)
bei Messung relativer Zeitdifferenzen
(relativ = mittelbar)
11000
10000
9000
8000
7000
6000
5000
4000
3000
2000
1000
0
Maßstab 1:50000
Maßstab der Fehlerellipsen für m_z/0,01 sec, 1:5000
(m_z = mittlerer Fehler der Ablesung eines Knallbildes)
Kurven gleich langer großer / kleiner Halbachsen
(Die Zahlen 10, 15 bzw (2), (3) sind die Faktoren von m)
Kurven paralleler Achsen
(Die Zahlen 100, 200 sind die Richtungswinkel der großen Achse gegen die Symetriste (im rechten Feld Rechtslaufigkeit, im linken Feld Linkslaufigkeit)
M_4
M_3
M_2
M_1
H. Fiedler:
Untersuchung über die Genauigkeit der durch Schallmessung aufgeklärten taktischen Ziele

2.6.12. Abschätzung der notwendigen Beobachtungstiefe im artilleristischen Einsatz.

Eine im wesentlichen von J. Börstinger [3] angegebene Betrachtung erlaubt, die notwendige Beobachtungstiefe bei der aufklärenden Artillerie abzuschätzen.

Knalleinsätze an vier Meßstellen ergeben drei voneinander unabhängige Hyperbeln, also drei Schnittpunkte. Das von diesen drei Punkten gebildete Fehlerdreieck gestattet eine qualitative Aussage über die Güte der Aufklärung. Die Auswertung wird möglichst die Einsätze von Bodenschallstrahlen verwenden, weil bei diesen die Auswirkung der Wettereinflüsse besser erfaßbar ist als bei Höhenschallstrahlen. Wird mit vier oder mehr Meßstellen ausgewertet, so kann der Auswerter an der Form und Größe des Fehlerdreieckes ablesen, ob alle Einsätze von Bodenschallstrahlen stammen. Es wird daher in der Praxis grundsätzlich möglichst mit vier [11] bis sechs [12] Meßstellen gearbeitet.

Die Basislängen müssen mindestens um etwa 2000 m liegen, andernfalls wird die Genauigkeit der Aufklärung zu gering [11,12].

Aufklärbar sind nur Ziele, die an mindestens drei [11] bzw. - falls Angaben über die Güte der Aufklärung gefordert sind - an mindestens vier [12] Meßstellen gehört werden, also über mindestens vier, bzw. sechs, km. Dazu kommt noch die Entfernung von den Meßstellen zum Ziel, für die aus gleich zu erläuternden Gründen mindestens vier km anzunehmen sind. Auswertbar sind also nur Knalle, die über Entfernungen von etwa fünf km bzw. sechs km im Gefechtslärm deutlich hörbar sind, also im allgemeinen nur Geschütze mit Kalibern von zehn cm und mehr. Gelegentlich, nämlich bei günstigen Wetterbedingungen und bei geringer Feuertätigkeit, können von sehr erfahrenen Auswertern auch leichtere Ziele aufgeklärt werden, z.B. Granatwerfer vom Kaliber zwölf cm an.

Aus Nachschubgründen ist eine ständige Registrierung aller bei den Meßstellen ankommenden Geräusche nicht tragbar. Versuche, automatische Einschaltgeräte nur für Geschützknalle zu bauen, waren bisher erfolglos. Es werden daher vor das Schallmeßsystem ein [11] oder zwei [12] erfahrene Beobachter, die Vorwarner, gesetzt, die nach Gehör das Einschalten der Registriergeräte erwirken. Diese stehen etwa zwei km vor dem Schallmeßsystem, um eine hinreichende Reaktionszeit für das Einschalten der Registriergeräte zu haben.

Die aufzuklärenden feindlichen Geschütze werden einschließlich ihres Nachschubes gegen Feindeinsicht geschützt aufgestellt, also mindestens etwa zwei km hinter der vorderen Linie.

Bis zu vier km vor dem Schallmeßsystem sind daher keine Ziele zu erwarten. Daraus folgt, daß bereits der Ersatz der Hyperbeln durch Asymptoten ausreichend genau sein kann [11].

Moderne Geschütze haben eine Reichweite von höchstens 33 km. Deshalb ist eine Beobachtungstiefe eines Schallmeßsystems von über 35 km unnötig. Unter der gut begründbaren Annahme, daß die Geschütze um etwa ein Drittel ihrer Höchstreichweite hinter der vorderen Linie stehen, erscheint eine Beobachtungstiefe von mindestens 24 km erstrebenswert.

3. Geräuschpeiler

3.1. Korrelationswinkelmessung

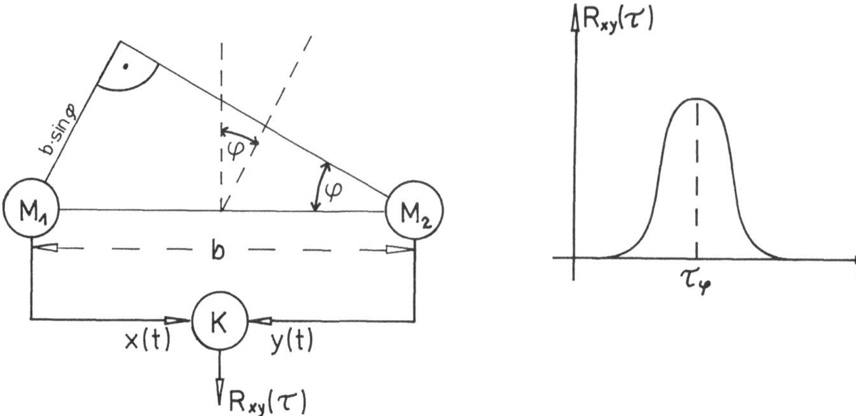

Die Ortung wird beim Geräuschpeiler auf Korrelationswinkelmessungen zurückgeführt. Der Einfachheit halber sei das Wesentliche der Korrelationswinkelmessung anhand eines ebenen Problems gezeigt, wobei die Atmosphäre als isotrop und homogen, und die Erdoberfläche als eben angenommen seien. Das Schallsignal möge im Bereich der Mikrophone M_1 und M_2 als ebene Wellenfront aufzufassen sein, die entlang des Erdbodens mit der Schallgeschwindigkeit c auf M_1 und M_2 zulaufe. Die Wellenfront treffe zuerst das Mikrophon M_2 und um die Zeit τ_ϕ später das Mikrophon M_1. Der Abstand der beiden Mikrophone sei b. Der Winkel zwischen der Verbindungsstrecke der beiden Mikrophone, der Basis und der einfallenden Wellenfront sei ϕ.

Dann ist

$$\tau_\phi c = b \sin \phi .$$

Das Mikrophon M_2 gibt an eine Datenverarbeitungsanlage das Signal y(t) ab, das sich aus dem ankommenden Signal s(t) und einer davon statistisch unabhängigen Störung $n_2(t)$ additiv zusammensetzt. Es sind also

$$y(t) = s(t) + n_2(t) .$$

Entsprechend wird vom Mikrophon M_1 ein Signal x(t) abgegeben, das sich aus dem ankommenden Signal $s(t-\tau_\phi)$ und einer davon statistisch unabhängigen Störung $n_1(t)$ additiv zusammensetzt:

$$x(t) = s(t-\tau_\phi) + n_1(t).$$

In der Datenverarbeitungsanlage werden die beiden gestörten Signale kreuzkorreliert und es ergibt sich als Kreuzkorrelationsfunktion R_{xy}, falls x(t) und y(t) stochastische Prozesse zweiter Ordnung sind, was im folgenden stets von Signalen dieser Art vorausgesetzt wird:

$$R_{xy}(\tau) = \lim_{T\to\infty} \frac{1}{T} \int_0^T x(t)\, y(t-\tau)dt = R_{ss}(\tau-\tau_\phi) + R_{12}(\tau)$$

mit der Autokorrelationsfunktion $R_{ss}(\tau-\tau_\phi)$, definiert durch

$$R_{ss}(\tau-\tau_\phi) = \lim_{T\to\infty} \frac{1}{T} \int_0^T s(t-\tau_\phi)\, s(t-\tau)dt,$$

und der Kreuzkorrelationsfunktion $R_{12}(\tau)$, definiert durch

$$R_{12}(\tau) = \lim_{T} \frac{1}{T} \int_0^T n_1(t)\, n_2(t-\tau)dt.$$

Sind n_1 und n_2 voneinander statistisch unabhängig, so verschwindet R_{12}. Das Maximum von R_{xy} liegt dann an der Stelle $\tau = \tau_\phi$.

Aus τ_ϕ folgt nach (1) bei bekannten c und b der Winkel ϕ und damit die Richtung, aus der das Schallsignal einfällt.

Sind n_1 und n_2 voneinander statistisch abhängig, so verschwindet R_{12} nicht, und das Maximum von R_{xy} liegt dann möglicherweise nicht an der Stelle $\tau = \tau_\phi$.

b wird möglichst groß gewählt, um die statistische Unabhängigkeit von n_1 und n_2 möglichst gut anzunähern. Fällt aber ein Ton der Wellenlänge λ ein und ist

$$b \sin \phi < \lambda$$

nicht erfüllt, so kann nicht erkannt werden, ob der Schwingungszustand, der M_2 zur Zeit t erreicht, M_1 um τ_ϕ oder um $\tau_\phi - \lambda/c$ verzögert erreicht.

Der Ort der Schallquelle ergibt sich im Idealfall als gemeinsamer Schnittpunkt von Geraden, und zwar liefert jede zu verwendende Basis eine Gerade senkrecht zur einfallenden Wellenfront.

Die Korrelationswinkelmessung ist nicht nur zur passiven Ortung verwendbar, bei der das zu ortende Objekt Schallquelle ist, sondern auch zur aktiven Ortung, bei der das zu ortende Objekt ein von einem Sender ausgestrahltes Signal reflektiert.

3.2. Korrelationsentfernungsmessung

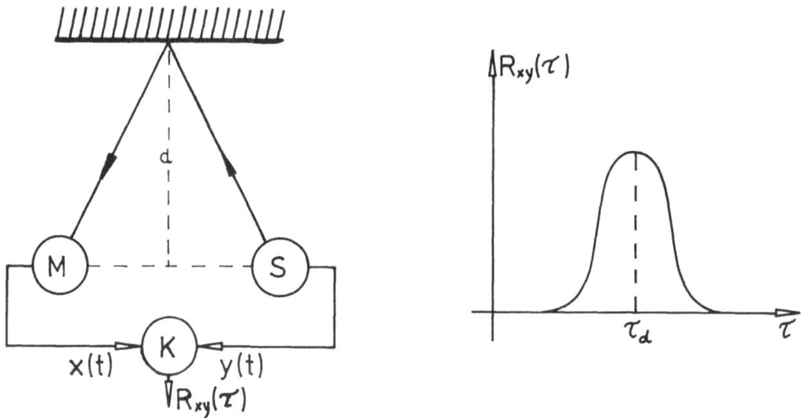

Bei aktiver Ortung ist eine Korrelationsentfernungsmessung möglich. Sie geht grundsätzlich folgendermaßen vor sich:

Ein Signal s(t) läuft vom Sender S zum reflektierenden Objekt und von dort zum Mikrophon M. Unterwegs überlagert sich additiv dem Signal s(t) eine Störung $n_1(t)$, die von s(t) statistisch unabhängig sei.

Der Datenverarbeitungsanlage werden zwei Signale zugeführt, nämlich vom Mikrophon M das Signal x(t) und vom Sender S das Signal y(t). x(t) ist bestimmt durch

$$x(t) = s(t - \tau_d) + n_1(t),$$

wobei τ_d die Zeit bezeichnet, die das Signal für den Weg vom Sender zum reflektierenden Objekt und von dort zum Mikrophon benötigt. y(t) ist bestimmt durch

$$y(t) = s(t) + n_2(t),$$

denn auch dieses Signal kann von einer Störung additiv überlagert werden, die ebenfalls vom Signal s(t) statistisch unabhängig angenommen wird. Aus x(t) und y(t) wird unter der Voraussetzung, daß x(t) und y(t) stochastische Prozesse zweiter Ordnung sind, die Kreuzkorrelationsfunktion $R_{xy}(\tau)$ gebildet. Sind n_1 und n_2 voneinander statistisch unabhängig, so nimmt $R_{xy}(\tau)$ sein Maximum für $\tau = \tau_d$ an.

Ist der Abstand zwischen Empfänger und Sender sehr viel kleiner als die Entfernung d des reflektierenden Objektes vom Empfänger oder Sender, so hängt τ_d mit d und der Schallgeschwindigkeit c zusammen nach

$$\tau_d\, c = 2\, d.$$

3.3. Korrelationsgeschwindigkeitsmessung

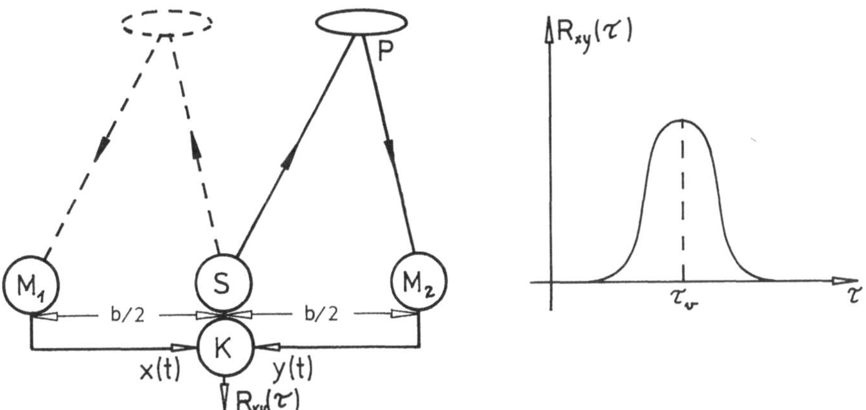

Bei aktiver Ortung ist unter Umständen eine Korrelationsgeschwindigkeitsmessung durchführbar. Die sei an folgendem Beispiel erläutert:

Ein Sender S und zwei Mikrophone, M_1 und M_2, seien auf einer Geraden angeordnet, wobei S gleichweit, nämlich um b, von M_1 und M_2 entfernt sei. Ein reflektierendes Objekt P bewege sich parallel zu dieser Geraden mit der Geschwindigkeit v in Richtung von M_2 zu M_1. Das von S ausgehende Signal läuft zum reflektierenden Objekt und von dort zu den Mikrophonen M_1 und M_2. Die von M_1 und M_2 empfangenen Signale stimmen überein, wenn die geometrische Anordnung von M_2, P und S die gleiche ist, wie die von S, P und M_1. Das tritt nach der Zeit τ_v auf, wobei sich τ_v aus

$$\tau_v = \frac{b}{2v}$$

ergibt. Mit dieser Verzögerung τ_v liefert M_1 das Signal zu x(t):

$$x(t) = s(t-\tau_v) + n_1(t),$$

und M_2 das Signal y(t):

$$y(t) = s(t) + n_2(t).$$

Unter den gleichen Voraussetzungen wie bei Korrelationsentfernungsmessung angegeben, nimmt $R_{xy}(\tau)$ sein Maximum für $\tau = \tau_v$ an.

3.4. Schlußbemerkungen zur Geräuschpeilung

Die Geräuschpeilung wird heute vor allem bei der Unterwasserschallortung, aber kaum bei der Ortung in der Atmosphäre verwendet.

Mit modernen Geräuschpeilern sollte bei der Ortung in der Atmosphäre eine Reichweite von einigen Kilometern und dabei eine Genauigkeit von einigen Grad zu erreichen sein.

Literaturhinweise

[1] H. Peußner:
Ein Beitrag zur Schallortung
Meppen 1968, nichtveröffentlichte Studie,
angefertigt für RB Ref. FE (19)

[2] J. Börstinger:
Untersuchungen zur Wetterberichtigung in der Schallortung.
Meppen 1971, nichtveröffentlichte Studie, angefertigt als Gutachterauftrag BWB-FG 8 f(01)615-A-608/8 für das Bundesamt für Wehrtechnik und Beschaffung, Koblenz.

[3] J. Börstinger:
mündliche Mitteilung an den Verfasser, 1976

[4] R. Sänger:
Artilleristische Schallmessung
Zürich 1938

[5] L.D. Landau; E.M. Lifschitz:
Lehrbuch der theoretischen Physik, Band VI: Hydrodynamik.
Berlin 1966

[6] H. Mayer:
Inversionen in der bodennahen Atmosphäre über Karlsruhe.
Metereologische Rundschau, Berlin, 1972, Band 25,
S. 153-161

[7] E. Esclangon:
L'Acoustique des canons et des projectiles.
Mémorial de l'Artillerie Française, Paris 1925

[8] U.W. Rickert:
mündliche Mitteilung an den Verfasser, 1976.

[9] H. Fiedler:
Untersuchung über die Genauigkeit der durch Schallmessung aufgeklärten taktischen Ziele.
Allgemeine Vermessungsnachrichten, Berlin, 1938,
Heft 4, 5, 6.

[10] E. Wildhagen:
mündliche Mitteilung an den Verfasser, 1975.

[11] Yu. A. Gordon; A.v.Khorenko
in "Die Artillerieaufklärung", Moskau 1971,
Verlag des Verteidigungsministeriums der UDSSR.

[12] HDv 263/321 Der Schallmeßzug-Auswertedienst-, Bonn, 1975, herausgegeben vom Bundesministerium der Verteidigung, FüH III 6.

[13] G. Winkler:
Stand und Möglichkeiten der Anwendung von Korrelationsmethoden in der Ortung.
Düsseldorf 1966, herausgegeben von der Deutschen Gesellschaft für Ortung und Navigation.

Aufgaben zur Schallortung

1. Aufgabe

Gegeben sind Brennweite und reelle Halbachse einer Hyperbel. Diese ist zu zeichnen mit Asymptoten, einem allgemeinen Punkt mit Tangente, ferner sind die Scheitelkrümmungskreise zu konstruieren. Die dazu benötigten Hyperbeleigenschaften sollen zusammengestellt und skizziert werden.

2. Aufgabe

Die Schallgeschwindigkeit ist in Abhängigkeit der geometrischen Höhe darzustellen, wenn folgende Meßwerte vorliegen:

h(m)	θ(°C)	p(Pa)	e(Pa)
0	16,2	101480	862
500	13,2	95864	691
1000	8,9	91037	497
1500	5,1	84123	353
2000	1,7	79498	238
2500	- 0,8	74835	172
3000	- 4,3	69926	109
3500	- 7,9	64371	67
4000	-12,3	61247	44

An Konstanten werden benötigt (siehe 2.3.3.):

p_o = 101325 Pa, ρ_o = 1.293 kg/m^3 , κ = 1,4 , T_o = 273.15 K

M_1 = 28.966, M_2 = 18.015.

3. Aufgabe

Die drei Mikrophone A,B,C liegen auf einer Geraden. Die Strecken $\overline{AB}$ und $\overline{BC}$ sind jeweils 2 km. B empfängt einen Knall 2 sec. früher als C und 3 sec. früher als A. Zur Zeit der Beobachtung wurde in Richtung von A nach C eine Windgeschwindigkeit von w_x = 20 m/s gemessen. Die Schallgeschwindigkeit betrug 331 m/s. Die Schallquelle S soll ermittelt werden:

a) durch Schnitt der windkorrigierten Hyperbeln (nach 2.3.4.)

b) durch Schnitt der zugehörigen Asymptoten (nach 2.2.1.)

c) mit dem Polplan alter Art (Tangentenschnitt) (nach 2.2.2.)

d) mit dem Polplan neuer Art (Sekantenschnitt) (nach 2.2.3.)

Bei b), c), d) sind die relativen Fehler bezüglich $\overline{BS}$ anzugeben.

4. Aufgabe

In 2.4.4., Formeln (26), (29) wird durch Azimut ϕ und den Elevationswinkel τ der Normalenvektor der Wellenfront festgelegt. Analog dazu sollen die entsprechenden Winkel ϕ_s , τ_s der Schallstrahlrichtung (die ja von der Normalen auf der Wellenfront verschieden ist) durch ϕ und τ beschrieben werden. Als Anleitung sei empfohlen, die rechte Seite der Beziehung $\dot{\vec{r}} = c \cdot \vec{n} + \vec{w}$ einmal mittels ϕ, τ, zum anderen mittels ϕ_s , τ_s auszudrücken. Dabei sei $w = (u(z), v(z), 0)$ und $c = c(z)$.

5. Aufgabe

Für die geschichtete Atmosphäre sollen die zeitabhängigen Differentialgleichungen des Höhenschallstrahls für die ersten vier Sekunden nach Runge-Kutta integriert werden.

Gegeben also:

$$\dot{x} = w \cos \omega_g + c \cos \tau$$

$$\dot{y} = w \sin \omega_g$$

$$\dot{z} = c \sin \tau$$

$$\dot{\tau} = - a_w \cos \omega_g \cos^2 \tau - a_c \cos \tau$$

Es ist $w = w_B + a_w\, z$; $c = c_B + a_c\, z$; und die Anfangswerte lauten: $x(0) = y(0) = z(0) = 0$; $(0) = 9^o$

Die Konstanten seien: $c_B = 331$ m/s; $w_B = 20$ m/s; $\omega_g = 45^o$;

$a_c = 0.004\ s^{-1}$; $a_w = 0.01\ s^{-1}$.

6. Aufgabe

Die schallstrahlabhängigen Differentialgleichungen (41) - (44) sind für $a_c = a_w \cos \omega_g$ = konstant zu integrieren. Ferner sind Scheitelhöhe, totale Schallaufzeit und die Koordinaten des Endpunktes zu bestimmen. (Siehe 2.4.6.)

7. Aufgabe

Für $a_c = a_w \cos \omega_g$ = konstant sind die Größen von Aufgabe 6 nach Potenzen von T zu entwickeln und die Gradientenkorrektur anzugeben. (Siehe auch 2.4.8.; 2.4.9.)

Lösungen

zu Aufgabe 1)

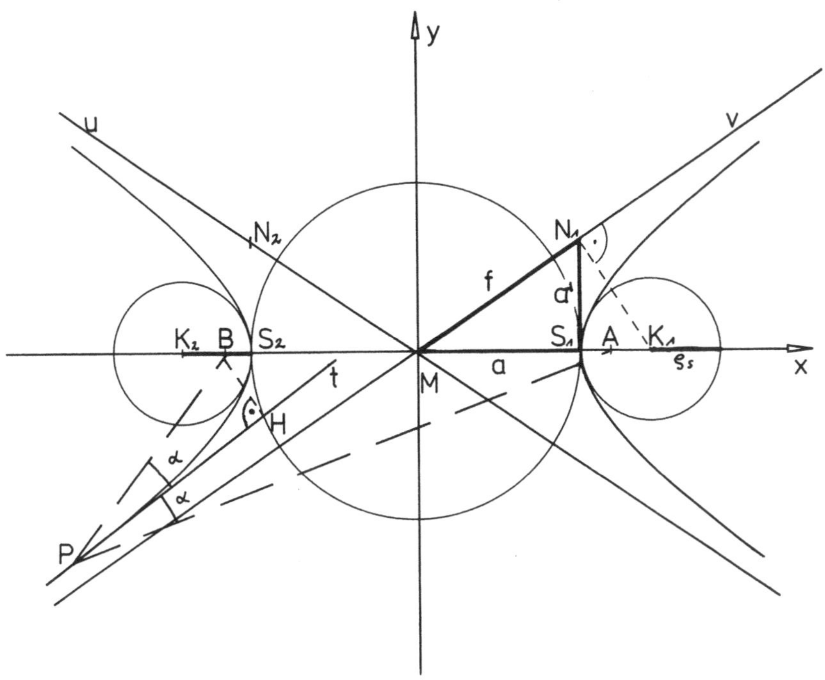

Hyperbelgleichung (Normalform): $\frac{x^2}{a^2} - \frac{y^2}{a'^2} = 1$

Brennweite, lineare Exzentrität: $f := \overline{MA} = \overline{BM}$; $f^2 = a^2 + a'^2$

Asymptoten u, v: $y = \pm(a'/a)x$

Scheitelkrümmungsradius: $\rho_s = \overline{S_1K_1} = \overline{S_2K_2} = \frac{a'^2}{a}$

Tangente durch den Hyperbelpunkt $P(x_p\ ,\ y_p)$: $\frac{xx_p}{a^2} - \frac{yy_p}{a'^2} = 1$

Hauptscheitelkreis, Hauptkreis: $x^2 + y^2 = a^2$

Nebenscheitelkreis: $x^2 + y^2 = a'^2$

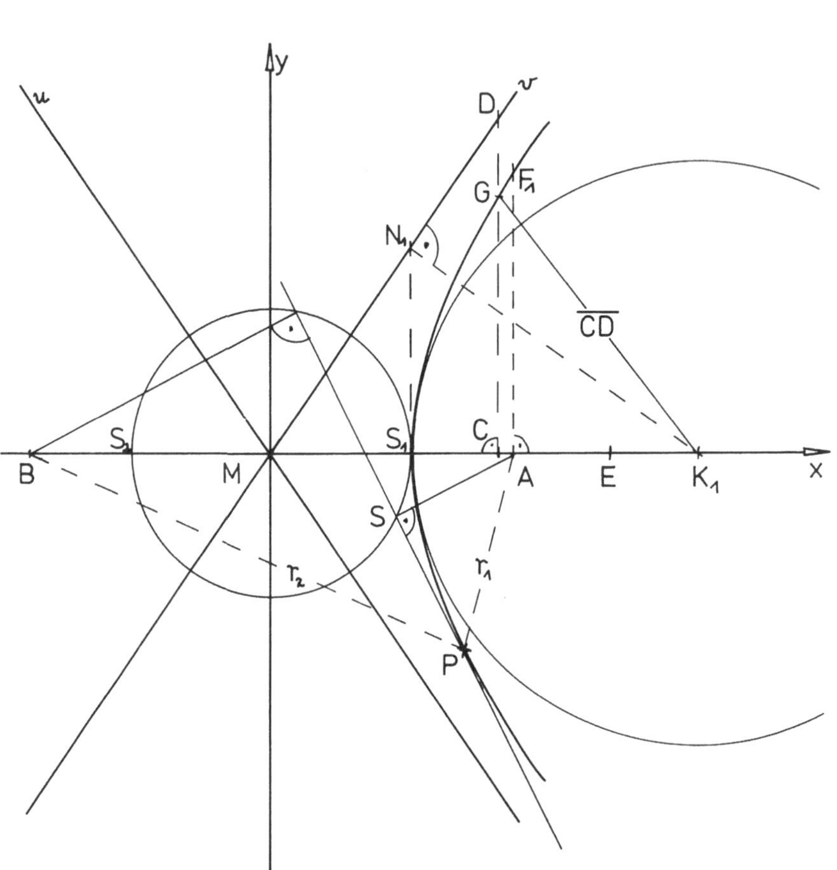

y
u
v
D
F1
G
N1
CD
C
S1
S2
B
M
A
E
K1
x
S
r2
r1
P

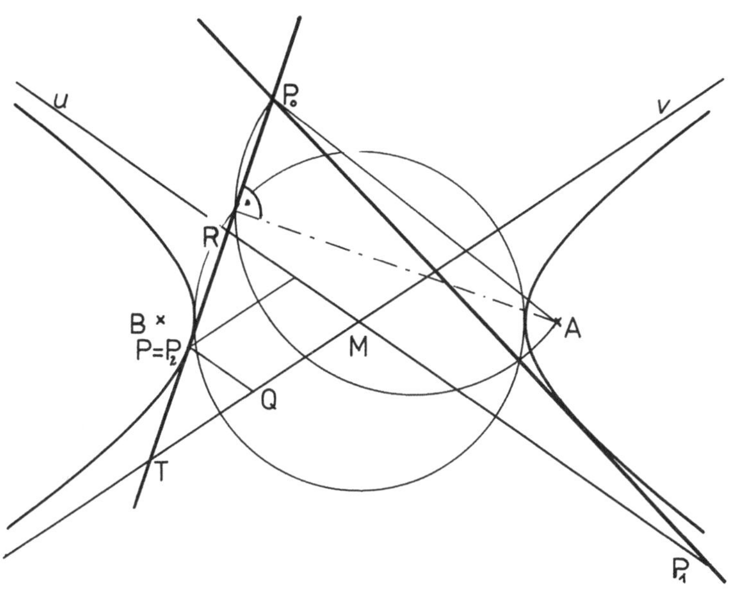
u
v
P_0
R
B
$P=P_2$
M
A
Q
T
P_1

Definitionen

D1: Die Ursprungsgeraden, welche die Hyperbel schneiden, heißen Durchmesser. Sie genügen der Gleichung $y = cx$ mit $|c| < \frac{a'}{a}$.

D2: Die Tangentenrichtung und die Richtung des durch den Berührpunkt laufenden Durchmessers heißen zueinander konjugiert.

D3: Die zur gegebenen Hyperbel konjugierte Hyperbel hat dieselben Asymptoten, die Scheitel liegen aber im Abstand a' vom Ursprung auf der y-Achse. Man nennt sie auch Nebenhyperbel. Sie gehorcht der Gleichung $\frac{y^2}{a^2} - \frac{x^2}{a'^2} = 1$.

D4: Die Strahlen von einem Hyperbelpunkt P durch die Brennpunkte heißen Brennstrahlen. Sie schließen den Brennwinkel (APB) ein. $\overline{PA}$ und $\overline{PB}$ heißen Brennstrecken.

Geometrische Eigenschaften:

Sei $P(x_p , y_p)$ ein Hyperbelpunkt

E1: (Brennpunktseigenschaft) Die Differenz der Brennstrecken ist konstant gleich dem Durchmesser des Hauptkreises.

E2: Die Tangente in P ist Winkelhalbierende des zugehörigen Brennwinkels.

E3: Die Fußpunkte der Lote von den Brennpunkten auf eine Tangente liegen auf dem Hauptkreis.

E4: Das zwischen den Asymptoten gelegene Stück einer Tangente wird vom Berührpunkt halbiert.

E5: Jeder Durchmesser halbiert die zwischen den Asymptoten gelegenen und die von den Hyperbelästen ausgeschnittenen Stücke der konjugierten Geradenschar.

E6: Konjugierte Richtungen sind auch bezüglich der konjugierten Hyperbel konjugiert. So folgert man schließlich:

E7: Schneidet eine Gerade die Hyperbel, so sind die zwischen Asymptoten und Hyperbel gelegenen Strecken gleichlang, auch wenn beide Äste geschnitten werden.

Konstruktionen

Gegeben: Reelle Halbachse a, Brennweite f.

K1: Asymptoten: (Skizze A1)

a) f ist Hypotenuse des rechtwinkligen Dreiecks $M S_1 N_1$ mit den Katheten a und a'. Die Gerade MN_1 ist Asymptote (u).

b) Die Asymptoten lassen sich als Tangenten im Unendlichen auffassen. Wegen E3 liegen die Schnittpunkte des Hauptkreises mit den Thaleskreisen über den Strecken $\overline{MA}$ und $\overline{MB}$ auf den Asymptoten.

K2: Scheitelkrümmungskreis: (Skizze A1)

Es gilt $\rho_s a = a'^2$; d.h. nach dem Höhensatz läßt sich a' als Höhe eines rechtwinkligen Dreiecks mit den Hypotenusenabschnitten ρ_s und a auffassen. Somit gewinnt man den Mittelpunkt K_1 des Scheitelkrümmungskreises als Schnittpunkt der x-Achse mit dem Lot in N_1 auf der Asymptoten v. Genauso findet man K_2 .

K3: Spezielle Hyperbelpunkte: (Skizze A2)

a) Der Punkt F_1 über dem Brennpunkt A hat die Ordinate $\rho_s (= \overline{S_1 K_1})$.

b) Wenn a a', läßt sich G wie folgt konstruieren: Von K_1 aus erreicht man mit $a' = \overline{CK_1}$ den Punkt C und von dort senkrecht über der x-Achse auf der Asymptoten D. Die Strecke $\overline{CD}$ wird vom Kreis um K_1 mit Radius $\overline{CD}$ im Hyperbelpunkt G geschnitten.

K4: Allgemeine Punkte: (Skizze A2)

a) Mittels E1: Sei E ein beliebiger Punkt der x-Achse rechts von A. Dann sind die Schnittpunkte der Kreise um A mit $r_1 = \overline{S_1E}$ und um B mit $r_2 = S_2E$ Punkte des rechten Hyperbelastes.

b) Die Eigenschaft E7 liefert aus jedem bekannten Hyperbelpunkt beliebig viele neue.

K5: Tangenten:

a) E3 liefert aus Brennpunkten und Hauptkreis eine Tangentenschar. Halbiert man die zwischen den Asymptoten gelegenen Abschnitte, so erhält man nach E4 auch noch die Berührpunkte. (Skizze A2)

b) Sei P auf der Hyperbel gegeben. Dann liefert E2 sofort die zugehörige Tangente. (Skizze A1)

c) Sei wieder P gegeben. Die Parallele zu v durch P schneidet u in Q. Das liefert mittels $\overline{MQ} = \overline{QT}$ den Punkt T. Die Gerade durch T und P ist die gesuchte Tangente nach E4, denn die Dreiecke QTP und MTR sind ähnlich. (Skizze A3)

d) Wieder sei P gegeben. Ein weiterer Tangentenpunkt S ist nach E3 als Schnittpunkt des Thaleskreises über $\overline{PA}$ mit dem Hauptkreis zu finden. (Skizze A2)

e) P_o sei ein beliebiger Punkt der Ebene. Die Tangenten laufen wegen E3 durch die Schnittpunkte (falls existent) des Hauptkreises mit den Thaleskreisen über $\overline{AP_o}$ und $\overline{BP_o}$. (Skizze A3)

Anmerkung: Pol - Polare - Beziehungen wurden hier bewußt vernachlässigt, da sie bei der Geometrie der Schallortung keine Rolle spielen.

Literatur: Lieb, P.: Analytische Geometrie der Ebene , Kap. 6
Westermann, Braunschweig, 1963

Rehbock, F.: Darstellende Geometrie, Kap. 3.3.
Springer, Berlin, 1969

Zu Aufgabe 2)

Aus den gegebenen Größen berechnet man laut Vorlesung:

$$c_o = \sqrt{\kappa \frac{p_o}{\rho_o}} = 331{,}22 \text{ m/s}$$

$$\alpha = 1/T_o = 3{,}661 \cdot 10^{-3} \text{ K}^{-1}$$

$$\frac{M_1 - M_2}{M_2} = 0{,}378$$

Damit lautet die Formel für die korrigierte Schallgeschwindigkeit

$$c = 331{,}22 \; (1 + 1{,}830 \cdot 10^{-3} \theta + 0{,}189 \; \frac{e}{p}) \left[\frac{m}{s}\right].$$

Es ergibt sich:

h(m)	0	500	1000	1500	2000	2500	3000	3500	4000
θ (°C)	16.2	13,2	8,9	5,1	1,7	-0,8	-4,3	-7,9	-12,3
10^4 e/p	85	72	55	42	30	23	16	10	7
c	341,6	339,7	337,0	334,6	332,4	330,9	328,7	326,5	323,8

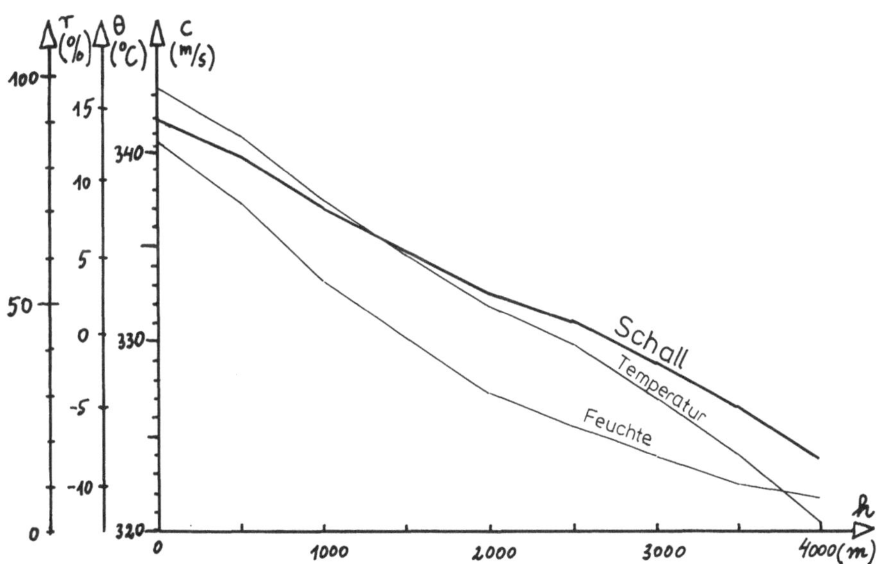

Zu Aufgabe 3)

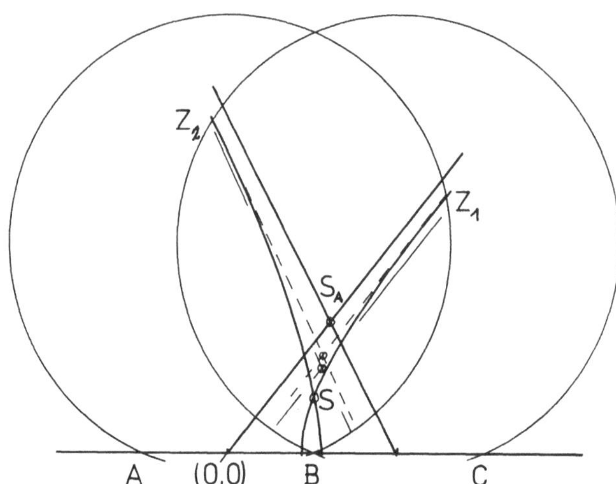

Die Größen bzgl. der Basis AB tragen den Index 1, die bzgl. BC den Index 2.

Dann ist

$$\Delta t_1 = 3 \text{ s}$$
$$\Delta t_2 = - 2 \text{ s} .$$

a) Die Achsen der windkorrigierten Hyperbeln nach 2.3.4. errechnen sich zu:

$$2 a_i = \left| c \Delta t - b \frac{w_x}{c} \right| \qquad i = 1,2$$
$$2 a_i' = \sqrt{b^2 - (2 a_i)^2}$$

Also:

$$a_1 = 436{,}077 \qquad a_1' = 899{,}909$$
$$a_2 = 391{,}423 \qquad a_2' = 920{,}211$$

Die rechte Hyperbel ist um $x_o = 2000$ m nach rechts verschoben. Der Schnitt (x_s , y_s) ergibt sich aus

$$y_s^2 = \frac{a_1'^2}{a_1^2} x_s^2 - a_1'^2 = \frac{a_2'^2}{a_2^2} (x_s - x_o)^2 - a_2'^2$$

mittels

$$\alpha x_s^2 + \beta x_s + \gamma = 0 ,$$

wobei

$$\alpha = \frac{a_2'^2}{a_2^2} - \frac{a_1'^2}{a_1^2} = 1,268$$

$$\beta = 2\, x_o \frac{a_2'^2}{a_2^2} = 22107,627$$

$$\gamma = a_1'^2 - a_2'^2 + x_o^2 \frac{a_2'^2}{a_2^2} = 22070675,55$$

für x_s erhält man zwei Werte, in Frage kommt

$$x_s = 1063,17$$

daraus $\qquad y_s = 2000,97.$ $\qquad BS = 2001,97$

b) Die Asymptotengleichungen lauten:

$$y = \frac{a_1'^2}{a_1^2}\, x \quad \text{und } y = -\frac{a_2'^2}{a_2^2}(x-x_o).$$

Der Schnittpunkt errechnet sich zu

$$x_{AS} = 1129,61$$

$$y_{AS} = 4810,59 \ .$$

Der relative Fehler ist sehr groß: $\delta_A = \frac{BS_A - BS}{BS} = 1,47$

Dieses Verfahren ist also für eine solch nahe Entfernung der Schallquelle unbrauchbar.

c) Der benötigte Genauigkeitskreis hat den Parameter $d = 10000$ m, damit wird

$$n = \frac{b^2}{4d} = 100 \text{ m} \ .$$

Die Koordinaten x_z , y_z des Schnittpunktes der Hyperbel mit dem Genauigkeitskreis (Ursprung in der Basismitte) sind

$$y_z = \frac{a'^2}{n} \ ; \quad x_z = a\sqrt{1 + \frac{a'^2}{n^2}} \ .$$

Die Geradengleichung der Tangenten lautet damit:

$$y = \sqrt{\frac{n^2+a'^2}{a^2}}\; x - n \ .$$

Im vorliegenden Fall sind also die folgenden Geraden zum Schnitt zu bringen:

$$y = +\sqrt{\frac{n^2+a_1'^2}{a_1^2}}\; x - n \qquad = 2{,}07635\; x - n$$

$$y = -\sqrt{\frac{n^2+a_2'^2}{a_2^2}}\; (x-x_o) - n = -\; 2{,}36478(x-x_o) - n\;.$$

Der Schnittpunkt ergibt sich zu:

$$x_T = 1064{,}94$$

$$y_T = 2111{,}20\;.$$

Der relative Fehler ist nunmehr

$$\delta_T = \frac{|BS_T - BS|}{BS} = 0{,}06$$

d) Der Polplan neuer Art (Sekantenschnitt) verschiebt die gesamte Schnittfigur nur um - 10 m in y-Richtung, also:

$$x_s = 1064{,}94$$
$$y_s = 2101{,}20$$

und schließlich

$$\delta_s = 0{,}05\;.$$

Zusammenfassend:

Man erkennt deutlich die Überlegenheit der Polpläne gegenüber dem Asymptotenverfahren, dennoch ist unter den gegebenen Umständen nur der exakte Hyperbelschnitt vertretbar. Man sieht außerdem, daß der Vorteil des Sekantenplans dem Polplan alter Art gegenüber offenbar dann zum Tragen kommt, wenn dieser einen Fehler in der Größenordnung von n_o liefert.

Zu Aufgabe 4)

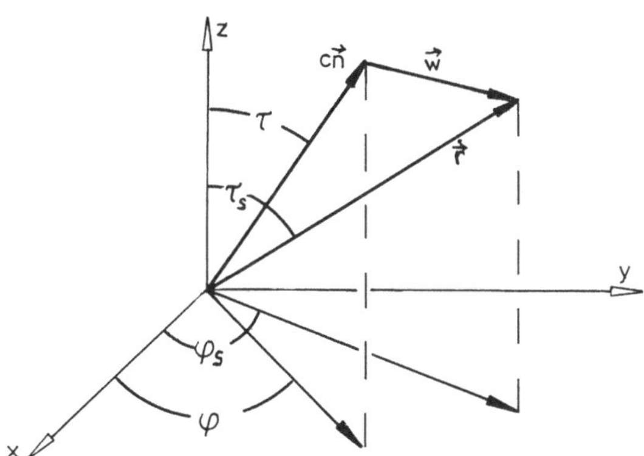

Der Normaleneinheitsvektor hat die Polardarstellung:

$$\vec{n} = (\cos\tau \, \cos\varphi \, , \, \cos\tau \, \sin\varphi, \, \sin\tau) \; .$$

Der Einheitsvektor der Schallstrahlrichtung entsprechend

$$\frac{\dot{\vec{r}}}{|\dot{\vec{r}}|} = (\cos\tau_s \, \cos\varphi_s \; , \; \cos\tau_s \, \sin\varphi_s \; , \; \sin\varphi_s) \; .$$

Aus $\dot{\vec{r}} = c\,\vec{n} + \vec{w}$ mit $\vec{w} = (u,v,0)$; $c = c(z)$ folgt also:

$$\begin{aligned} \dot{\vec{r}} &= (c\cos\tau\,\cos\varphi + u, \; c\cos\tau\,\sin\varphi + v, \; c\sin\tau) \\ &= |\dot{\vec{r}}| \; (\cos\tau_s\,\cos\varphi_s \; , \; \cos\tau_s\,\sin\varphi_s \; , \; \sin\tau_s) \; . \end{aligned}$$

Aus dem Bild oben gewinnt man somit folgende Beziehungen:

$$\cos\varphi_s = \frac{x}{\sqrt{x^2+y^2}} = \frac{c\cos\tau\,\cos\varphi + u}{\sqrt{c^2\cos^2\tau + u^2 + v^2 + 2c\cos\tau\,(u\cos\varphi + v\sin\varphi)}}$$

$$\sin\varphi_s = \frac{y}{\sqrt{x^2+y^2}} = \frac{c\cos\tau\,\sin\varphi + v}{\sqrt{x^2+y^2}}$$

$$\sin\tau_s = \frac{z}{\sqrt{x^2+y^2}} = \frac{c\sin\tau}{\sqrt{x^2+y^2}}$$

$$\cos \tau_s = \frac{\sqrt{x^2+y^2}}{\sqrt{x^2+y^2+z^2}} = \frac{\sqrt{x^2+y^2}}{\sqrt{c^2+u^2+v^2+2c\cos\tau(u\cos\varphi+v\sin\varphi)}}$$

oder auch die etwas einfacheren Beziehungen:

$$\tan \varphi_s = \frac{c\cos\tau\sin\varphi + v}{c\cos\tau\cos\tau + u}$$

$$\tan \tau_s = \frac{c\sin\tau}{\sqrt{u^2+v^2+c^2\cos^2\tau+2c\cos\tau(u\cos\varphi+v\sin\varphi)}},$$

Zu Aufgabe 5:

a) Runge-Kutta-Verfahren für Systeme

Gegeben:

$$\dot{r}(t) = F(r(t),t)$$

mit der Anfangsbedingung:

$$r^{(o)} := r(t_o) .$$

Dabei sind

$$r(t) = \begin{pmatrix} r_1(t) \\ \cdot \\ \cdot \\ \cdot \\ r_n(t) \end{pmatrix} \quad ; \quad F(r,t) = \begin{pmatrix} f_1(r,t) \\ \cdot \\ \cdot \\ \cdot \\ f_m(r,t) \end{pmatrix}$$

Seien n Schritte mit den Schrittweiten h_i durchgeführt, also $t_n = t_o + \sum_{i=1}^{n} h_i$, dann läßt sich der (n+1)-te Schritt schreiben als:

$$r^{(n+1)} = r^{(n)} + h_{n+1} K^{(n)}(r^{(n)}(t_n), h_{n+1}) .$$

Es ist

$$K^{(n)} = \frac{1}{6}(k_1^{(n)}+2k_2^{(n)}+2k_3^{(n)}+k_4^{(n)})$$

mit

$$k_1^{(n)} = F(r^{(n)}, t_n)$$
$$k_2^{(n)} = F(r^{(n)}+\tfrac{1}{2}h_{n+1}k_1^{(n)}, t_n+\tfrac{1}{2}h_{n+1})$$

$$k_3^{(n)} = F(r^{(n)}+\frac{1}{2}h_{n+1}k_2^{(n)},\ t_n+\frac{1}{2}h_{n+1})$$
$$k_4^{(n)} = F(r^{(n)}+h_{n+1}k_3^{(n)},\ t_n+h_{n+1}) \ .$$

Das so beschriebene Verfahren konvergiert für $h_i \to 0$; wenn $h=\max_i h_i$ ist, läßt sich auch die Konvergenzgeschwindigkeit angeben:

$$r - r^{(n+1)} = O(h^2)$$

b) Anwendung:

Hier werden die h_i konstant = 1 gesetzt. Ferner ist das System von einfacher Bauart, die rechte Seite ist von x, y unabhängig. Zunächst ist die Gleichung für τ für sich zu behandeln (entkoppelt).

1. Schritt: Berechnung der $\tau(t)$

$$\tau^{(o)} = 9 \ ; \ f(\tau) = - a_w \cos \omega_g \cos^2 \tau - a_c \cos \tau .$$

Da t nicht explizit auftritt, ergeben sich die Korrekturen zu (h = 1):

$$k_{\tau 1}^{(n)} = f(\tau^{(n)}) \qquad =: f(\tau_1^{(n)})$$
$$k_{\tau 2}^{(n)} = f(\tau^{(n)} + \frac{1}{2} k_{\tau 1}^{(n)}) \quad =: f(\tau_2^{(n)})$$
$$k_{\tau 3}^{(n)} = f(\tau^{(n)} + \frac{1}{2} k_{\tau 2}^{(n)}) \quad =: f(\tau_3^{(n)})$$
$$k_{\tau 4}^{(n)} = f(\tau^{(n)} + k_{\tau 3}^{(n)}) \quad =: f(\tau_4^{(n)})$$

Man erhält

$\tau^{(o)}$	$\tau^{(1)} = \tau(1)$	$\tau^{(2)} = \tau(2)$	$\tau^{(3)} = \tau(3)$	$\tau^{(4)} = \tau(4)$
9°	$8{,}98915^{o}$	$8{,}97830^{o}$	$8{,}96745^{o}$	$8{,}95660^{o}$

Dabei zeigt eine Überprüfung mit kleineren Schrittweiten (das Verfahren läßt sich für Taschenrechner leicht programmieren, etwa für HP 25 oder HP 65), daß hier bereits höchste Genauigkeit erreicht ist, d.h. der Fehler ist $< 0{,}5 \cdot 10^{-6}$

2. Schritt: Berechnung der $z(\tau,t)$

Es ist

$$f(\tau,z) = (c_B + a_c z) \sin \tau$$

Hier lautet das Korrektursystem:

$$k_{z1}^{(n)} = (c_B + a_c z^{(n)}) \sin \tau_1^{(n)}$$
$$k_{z2}^{(n)} = (c_B + a_c (z^{(n)}+\tfrac{1}{2}k_{z1}^{(n)}) \sin \tau_2^{(n)}$$
$$k_{z3}^{(n)} = (c_B + a_c (z^{(n)}+\tfrac{1}{2}k_{z2}^{(n)}) \sin \tau_3^{(n)}$$
$$k_{z4}^{(n)} = (c_B + a_c (z^{(n)}+k_{z3}^{(n)}) \sin \tau_4^{(n)}$$

Für die beiden letzten Schritte erweist es sich als zweckmäßig, anstelle sämtlicher Korrekturen die Größen

$$p^{(n)} := z^{(n)} + \frac{1}{6} (k_{z1}^{(n)} + k_{z2}^{(n)} + k_{z3}^{(n)})$$

aufzubewahren: Man erhält

n	0	1	2	3	4
$p^{(n)}$	25.854601	77.542279	129.200784	180.829471	
$z^{(n)}$	0	51.703088	103.376489	155.020108	206.633847

3. Schritt: Berechnung von y:

$$f(z) = w_B \sin \omega_g + a_w \sin \omega_g \cdot z$$

Dieser Schritt ist besonders einfach, die Iterationsvorschrift ergibt sich zu

$$y^{(n+1)} = y^{(n)} + w_B \sin \omega_g + a_w \sin \omega_g \cdot p^{(n)}$$

Somit:

n	0	1	2	3	4
y(n)	0	14.324955	29.015398	44.071121	59.491914

4. Schritt: Berechnung von x:

Die Korrekturen lauten:

$$k_{x1}^{(n)} = w_3 \cos \omega_g + c_3 \cos \tau_1^{(n)} + (a_w \cos \omega_g + a_c \cos \tau_1^{(n)}) z^{(n)}$$

$$k_{x2}^{(n)} = w_B \cos \omega_g + c_B \cos \tau_2^{(n)} + (a_w \cos \omega_g + a_c \cos \tau_2^{(n)})(z^{(n)} + \tfrac{1}{2} k_{z1}^{(n)})$$
$$k_{x3}^{(n)} = w_B \cos \omega_g + c_B \cos \tau_3^{(n)} + (a_w \cos \omega_g + a_c \cos \tau_3^{(n)})(z^{(n)} + \tfrac{1}{2} k_{z2}^{(n)})$$
$$k_{x4}^{(n)} = w_B \cos \omega_g + c_B \cos \tau_4^{(n)} + (a_w \cos \omega_g + a_c \cos \tau_4^{(n)})(z^{(n)} + k_{z3}^{(n)})$$

Die anschließende Mittelbildung zu $K_x^{(n)}$ läßt sich durch das angenähert lineare Verhalten von $\tau(t)$ und damit von $\cos \tau(t)$ im behandelten Bereich vereinfachen zu

$$K_x^{(n)} = w_B \cos \omega_g + c_B \cos \tau_2^{(n)} + (a_w \cos \omega_g + a_c \cos \tau_2^{(n)}) \cdot p^{(n)} .$$

Der hier begangene Fehler liegt übrigens weit unter dem Verfahrensfehler, ändert also weder Genauigkeit noch Konvergenzverhalten ($|\delta| < 10^{-5}$)

n	0	1	2	3	4
$x^{(n)}$	0	341.08290	682.17560	1023.27807	1364.3903

c) Zusammenfassung:

Die beschriebenen Vereinfachungen lassen sich im Rahmen einer sinnvollen Endgenauigkeit stets durchführen (unabhängig von den Anfangswerten). Die Abweichungen von den exakten Werten erreichen dabei bei einer Schrittweite von h = 1 sec nach 60 sec offenbar nicht einmal cm-Größenordnung, wenn man im Rahmen der Taschenrechnergenauigkeit (10 Stellen) verfährt.

Somit erhält man für die Bahn des Schallstrahls:

t (sec)	x(m)	y(m)	z(m)	$\tau(^\circ)$
0	0	0	0	9
1	341,08	14,32	51,70	8,989
2	682,18	29,02	103,38	8,978
3	1023,28	44,07	155,02	8,967
4	1364,39	59,49	206,63	8,957

__Literatur:__ P. Henrici: Elemente der numerischen Analysis II, B. I.

Zu Aufgabe 6)

Es empfiehlt sich der Gebrauch einer Integralsammlung.
Mit $k = a_c = a_w \cos \omega_g$
und den linearen Beziehungen

$$w(z) = w_B + a_w z$$
$$c(z) = c_B + a_c z$$

erhält man das DGl-System

$$t' = -(k \cos \tau (1+\cos \tau))^{-1}$$
$$x' = w_B \cos \omega_g t' - c_B(k(1+\cos \tau))^{-1} - z(\cos \tau)^{-1}$$
$$y' = (w_B \sin \omega_g + a_w \sin \omega_g \cdot z)t'$$
$$z' = -(c_B+kz) \sin \tau (k \cos \tau (1+\cos \tau))^{-1} .$$

Die erste DGl ist direkt integrierbar:

$$t = k^{-1}\{\tan \frac{\tau}{2} - \ln \tan(\frac{\pi}{4} + \frac{\tau}{2})\} - t_o$$

$$\text{mit } t_o = k^{-1}\{\tan \frac{\tau_o}{2} - \ln \tan(\frac{\pi}{4} + \frac{\tau_o}{2})\}.$$

Die DGl für z löst man durch Trennung der Veränderlichen und der Substitution $\zeta = \cos \tau$. Dann erhält man mit $z_o = 0$:

$$z = \frac{c_B(\cos \tau - \cos \tau_o)}{k \cos \tau_o(1 + \cos \tau)} .$$

Für x' ergibt sich nun

$$x' = (c_B+w_B \cos \omega_g)t' - c_B(\cos \tau_o+k)(k \cos \tau_o)^{-1}(1+\cos \tau)^{-1}.$$

Mit

$$\int_{\tau_o}^{\tau} (1+\cos \zeta)^{-1} d\zeta = \tan \frac{\tau}{2} - \tan \frac{\tau_o}{2}$$

und dem Ergebnis für t folgt:

$$x = (w_B \cos \omega_g k^{-1} - c_B(\cos \tau_o)^{-1})\tan \frac{\tau}{2} -$$
$$- (c_B+w_B \cos \omega_g)k^{-1} \ln \tan (\frac{\pi}{4} + \frac{\tau}{2}) - x_o$$

wobei x_o der entsprechende mit τ_o statt τ gebildete Ausdruck ist.

Schließlich verbleibt noch y' nach Einsetzen von z:

$$y' = w_B \sin \omega_g t' + c_B \tan \omega_g (k \cos \tau_o)^{-1} (\cos \tau - \cos \tau_o) \cdot \\ \cdot (\cos \tau (1 + \cos \tau)^2)^{-1}$$

Mittels Partialbruchzerlegung läßt sich der letzte Term vereinfachen:

$$y' = w_B \sin \omega_g t' + c_B \tan \omega_g (k \cos \tau_o)^{-1} \left\{ \frac{1-2 \cos \tau_o}{(1+\cos \tau)^2} - \frac{\cos \tau \cos \tau_o}{(1+\cos \tau)^2} + \frac{\cos \tau_o}{\cos \tau} \right\}$$

Somit folgt

$$y = (w_B \sin \omega_g \cos \tau_o + \frac{1}{2} c_B \tan \omega_g + \frac{3}{2} c_B \tan \omega_g \cos \tau_o) \\ (k \cos \tau_o)^{-1} \tan \frac{\tau}{2} \\ + (\frac{1}{6} c_B \tan \omega_g - c_B \tan \omega_g \cos \tau_o)(k \cos \tau_o)^{-1} \tan^3 \frac{\tau}{2} \\ - (w_B \sin \omega_g + c_B \tan \omega_g) k^{-1} \ln \tan(\frac{\pi}{4} + \frac{\tau}{2}) - y_o,$$

wobei y_o der gleiche mit τ_o gebildete Ausdruck ist.

Mit diesen Ergebnissen lassen sich wie in der Vorlesung (Abschnitt 5) die weiteren charakteristischen Größen bestimmen.

Die Scheitelhöhe H errechnet man aus $z(\tau)$ für $\tau = 0$

$$H = \frac{1}{2} c_B (-1 + (\cos \tau_o)^{-1})$$

Für $z = 0$ folgert man für den Winkel τ_E im Endpunkt $\tau_e = -\tau_o$ und aus der Formel für $t(\tau)$ erhält man für die totale Schallaufzeit

$$T = 2\,k^{-1}\,\{-\tan\frac{\tau_o}{2} + \ln\tan\,(\frac{\tau_o}{2} + \frac{\pi}{4})\}$$

Die Endpunktskoordinaten X, Y folgen ebenfalls aus $\tau_e = -\,\tau_o$; wegen der Symmetrieeigenschaften des tan gilt wieder:

$$X = -\,2\,x_o, \quad Y = -\,2\,y_o.$$

Da in der folgenden Aufgabe 7) diese Größen weiter betrachtet werden, verweisen wir nur auf die oben bereits angegebenen allgemeinen Formeln.

Zu Aufgabe 7)

Zuerst werden die in Aufgabe 6) errechneten Größen in Potenzen nach τ_o bis zur 5. Ordnung entwickelt. Die benötigten Reihenanfänge ergeben sich zu

$$\cos\tau_o = 1 - \frac{1}{2}\,\tau_o^{\,2} + \frac{1}{24}\,\tau_o^{\,4} - \ldots$$

$$(\cos\tau_o)^{-1} = 1 + \frac{1}{2}\,\tau_o^{\,2} + \frac{5}{24}\,\tau_o^{\,4} + \ldots$$

$$\tan\frac{\tau_o}{2} = \frac{1}{2}\,\tau_o + \frac{1}{24}\,\tau_o^{\,3} + \frac{1}{240}\,\tau_o^{\,5} + \ldots$$

$$\ln\tan\,(\frac{\pi}{4}+\frac{\tau_o}{2}) = \tau_o + \frac{1}{4}\,\tau_o^{\,3} + \frac{5}{2}\,\tau_o^{\,5} + \ldots$$

$$(\cos\tau_o)^{-1}\,\tan\frac{\tau_o}{2} = \frac{1}{2}\,\tau_o + \frac{5}{24}\,\tau_o^{\,3} + \frac{31}{240}\,\tau_o^{\,5} + \ldots$$

$$\tan^3\frac{\tau_o}{2} = \frac{1}{8}\,\tau_o^{\,3} + \frac{1}{24}\,\tau_o^{\,4} + \frac{1}{384}\,\tau_o^{\,5} + \ldots$$

$$(\cos\tau_o)^{-1}\,\tan^3\frac{\tau_o}{2} = \frac{1}{8}\,\tau_o^{\,3} + \frac{1}{24}\,\tau_o^{\,4} + \frac{3}{384}\,\tau_o^{\,5} + \ldots$$

Damit errechnet man:

$$H = \frac{1}{4}\,c_B\,k^{-1}\,(\tau_o^{\,2} + \frac{5}{12}\,\tau_o^{\,4} + \ldots)$$

$$T = k^{-1}\,(\tau_o + \frac{5}{12}\,\tau_o^{\,3} + \frac{599}{120}\,\tau_o^{\,5} + \ldots)$$

$$X = x_1\,\tau_o + x_3\,\tau_o^{\,3} + x_5\,\tau_o^{\,5} + \ldots$$

mit $x_1 = w_B\cos\omega_g\,k^{-1} + c_B(1+k^{-1})$

$$x_3 = \frac{5}{12}\,(w_B\cos\omega_g\,k^{-1} + c_B(1+\frac{6}{5}\,k^{-1}))$$

$$x_5 = \frac{1}{120} (599\ w_B \cos \omega_g\ k^{-1} + c_B(31 + 600\ k^{-1}))$$

und schließlich

$$Y = y_1\ \tau_o + y_3\ \tau_o^{\ 3} + y_4\ \tau_o^{\ 4} + y_5\ \tau_o^{\ 5} + \ldots$$

mit
$$y_1 = k^{-1}\ w_B \sin \omega_g$$
$$y_3 = (24\ k)^{-1}(10\ w_B \sin \omega_g + 9\ c_B \tan \omega_g)$$
$$y_4 = (72\ k)^{-1}\ 5\ c_B \tan \omega_g$$
$$y_5 = k^{-1}\ (\frac{599}{120}\ w_B \sin \omega_g + \frac{621}{128}\ c_B \tan \omega_g)$$

Nunmehr sind entsprechend dem Vorgehen in der Vorlesung diese Größen nach T zu entwickeln, indem man die Reihe $T(\tau_o)$ in eine Reihe $\tau_o(T)$ umkehrt. Dann erhält man

$$\tau_o = k\ T - \frac{5}{12}\ k^3\ T^3 - \frac{1073}{240}\ k^5\ T^5 + \ldots$$
$$\tau_o^{\ 2} = k^2 T^2 - \frac{5}{6}\ k^4 T^4 + \ldots$$
$$\tau_o^{\ 3} = k^3 T^3 - \frac{5}{4}\ k^5 T^5 + \ldots$$
$$\tau_o^{\ 4} = k^4 T^5 + \ldots$$
$$\tau_o^{\ 5} = k^5 T_5 + \ldots$$

Man erhält damit schließlich:

$$H = \frac{1}{4}\ c_B\ k(T^2 - \frac{5}{12}\ k^2\ T^4 + \ldots)$$

$$X = \xi_1\ T + \xi_3\ T^3 + \xi_5\ T^5 + \ldots$$

mit
$$\xi_1 = w_B \cos \omega_g + c_B(1 + k)$$
$$\xi_3 = \frac{1}{12}\ c_B\ k^2$$
$$\xi_5 = -\ \frac{71}{15}\ c_B + \frac{1}{120}\ c_B\ k^{-1}$$

$$Y = \eta_1\ T + \eta_3\ T^3 + \eta_4\ T^4 + \eta_5\ T^5 + \ldots$$

mit
$$\eta_1 = w_B \sin \omega_g$$
$$\eta_3 = \frac{3}{8}\ c_B\ k^2 \tan \omega_g$$
$$\eta_4 = \frac{5}{72}\ c_B\ k^3 \tan \omega_g$$
$$\eta_5 = \frac{561}{128}\ c_B\ k^4 \tan \omega_g$$

gemeineren Herleitung in der Vorlesung

$$k_\sigma = \frac{1}{6} k^2 T^3.$$

Test zu Schallmessen

1. Aufgabe:

Die Gleichung einer Hyperbel als geometrischer Ort der Schallquelle ist herzuleiten.

2. Aufgabe:

Eine Hyperbel ist bei gegebenen Längen der Achsen zu konstruieren und zwar

a) die Asymptoten,

b) die Scheitelkrümmungskreise,

c) ein allgemeiner Punkt,

d) die Tangente in diesem Punkt.

3. Aufgabe:

Die wichtigsten graphischen Näherungsverfahren sind zu beschreiben:

a) Asymptotenschwenkung,

b) Tangentenplan (Polplan alter Art),

c) Sekantenplan (Polplan neuer Art),

d) Skalenträgerplan.

4. Aufgabe:

Die Berücksichtigung der Wettereinflüsse bei Bodenschallstrahlen ist zu beschreiben:

a) Temperatur,

b) Feuchtigkeit,

c) Wind.

5. Aufgabe:

Die sechs skalaren Differentialgleichungen des Höhenschallstrahles sind anzugeben.

6. Aufgabe:

Die sechs skalaren Differentialgleichungen des Höhenschallstrahles sind für die geschichtete Atmosphäre zu lösen.

7. Aufgabe:

Die Hörbarkeitsbedingung $a_c + a_w \cos \omega_g > 0$ ist zu begründen und zu diskutieren.

8. Aufgabe:

Die Behandlung der Differentialgleichungen des Höhenschallstrahles ist zu beschreiben, die wichtigsten Ergebnisse bezüglich

a) Bahn des Schallstrahles bei Windstille,

b) Gradientenkorrektur,

c) Mittelung über die Höhe

sind qualitativ anzugeben.

9. Aufgabe:

Die sechs skalaren Differentialgleichungen des Schallstrahles sind herzuleiten.

10. Aufgabe:

Die beiden Sätze von Kammüller sind herzuleiten.

11. Aufgabe:

Die Beobachtungstiefe einer Schallmeßanlage, bestehend aus zwei kollinearen Basen, ist zu untersuchen.

12. Aufgabe:

Die Fehlerbetrachtungen bei einem System von drei Meßstellen und bei einem System von vier Meßstellen sind qualitativ zu beschreiben.

Test zu Geräuschpeilung

1. Aufgabe:

Was ist eine Kreuz-, was ist eine Autokorrelationsfunktion?

2. Aufgabe:

Was bedeutet "statistisch unabhängig"?

3. Aufgabe:

Was sind stochastische Prozesse zweiter Ordnung?

4. Aufgabe:

Die Arbeitsweise der

a) Korrelationswinkelmessung,

b) Korrelationsentfernungsmessung,

c) Korrelationsgeschwindigkeitsmessung

ist zu erläutern.

Sachverzeichnis